好きになる分子生物学

分子からみた生命のスケッチ

多田富雄 監修
Tomio Tada

萩原清文 著
Kiyofumi Hagiwara

講談社サイエンティフィク

［ブックデザイン］
安田あたる

［カバーイラスト］
角口美絵

序文　萩原君の「好きになる分子生物学」

　萩原清文君が、前著「好きになる免疫学」に続いて「好きになる分子生物学」を上梓することになった。「好きになる免疫学」は大方の好評を博し版を重ねているが、もっと幅広い分子生物学となったらどうであろうか。実はこの本の第一稿は、ずっと前に見せてもらった。内容はよく整理され、間違いのないものになっていたが、私はあえて駄目を出した。それは、単なる解説書という点では良く書けていたが、自分のオリジナルの思考や観察が欠けていたからである。他人の研究を単純に紹介するだけだったら、萩原君のような秀才にはいともたやすいことだろう。でも彼はもう何年も第一線で研究をしているし、今は臨床の現場でこの本に書かれているようなことが、実際の病気にどう反映されているかを毎日見ているはずなのだ。単なる解説書ではなく、彼自身がどう考えているかを書いてみるべきであると注文を出した。彼なら書けるはずである。それは今まで、師のひとりとして一緒に勉強してきた私の、彼に対する最後のレッスンになる。

　彼はそんな注文に悩んだらしい。ただでさえ日赤医療センターという臨床の最前線で、ゆっくり思索する暇など取れない身である。しかし萩原君は、とうとう全部を書き直して再提出した。自分で行った実験の成果を記載に反映させ、自分で思索したことを提示し、自分の文体で記載する。著作のプロとしてどうしてもしなくてはならないことだ。何度も書き直して、もう投げ出そうと思ったこともあるという。こうして最終稿がまとまった。これが合格であるかどうかは、私でなくて読者が判断する。

　この本の特徴は、したがって、自分のものにするための努力がにじんでいることである。それは、出来上がった専門家が書いた解説書とおのずから違う。おざなりの記載では満たされない、彼自身の追究がある。読者は、これを彼と一緒に体験しながら、分子で運営される生体の仕組みを知り、次いで、文字通りそんな追究が好きになるかもしれない。興味をもちさえすれば、分子生物学は今最もエキサイティングな学問である。萩原君は、今臨床の現場でそれに向かって歩んでいる。彼の後に続く若い人に、この本がきっとお役に立つと信じている。

2002年10月

監修者　多田富雄

好きになる分子生物学 contents

目次

序文 3

序曲　分子から見た生命のスケッチ 8

第1部　タンパク質の分子生物学

第1幕　細胞という劇場 13
Scene 1.1　細胞は"あぶら"の膜で包まれている　14
Scene 1.2　細胞の分子たちの紹介　16
Scene 1.3　細胞の分子が働く場所　18
Scene 1.4　細胞の分子がつくりあげる社会　19
Scene 1.5　細胞は集まって組織をつくる　20
Scene 1.6　組織が集まって器官をつくる　25
Scene 1.7　からだの中の"社会"　26

第2幕　タンパク質の姿 29
Scene 2.1　タンパク質をほどけば1本のひも　30
Scene 2.2　1本の鎖が複雑な形になるまで　32

第3幕　タンパク質の働きぶり 37
Scene 3.1　酵素タンパクの驚くべき能力　38
Scene 3.2　酵素タンパクは排他的　39
Scene 3.3　酵素たちの流れ作業　40

Scene 3.4　酵素は適切なタイミングで働く　41
Scene 3.5　タンパク質の"オン"と"オフ"　43

第4幕　呼吸の物語　45

Scene 4.1　呼吸の2つの様式　46
Scene 4.2　充電式の電池のようなATP　48
Scene 4.3　細胞呼吸の3つのステージ　49
Scene 4.4　"薪割り"のような解糖系　50
Scene 4.5　解体作業のようなクエン酸回路　51
Scene 4.6　電子伝達劇場　53

第5幕　情報伝達の物語　59

Scene 5.1　細胞が情報を交換し合う方法　60
Scene 5.2　3種類の情報伝達物質　61
Scene 5.3　細胞はテレビに似ている　63
Scene 5.4　細胞内情報伝達のドラマ　64
Scene 5.5　細胞死を実行する情報伝達　66

第6幕　情報伝達の異常としての病気　73

Scene 6.1　情報伝達の異常としての肥満症　74
Scene 6.2　情報伝達の異常としての糖尿病　76
Scene 6.3　情報伝達の異常としてのがん　79
Scene 6.4　多くの薬は情報伝達に作用する　82

第2部　遺伝子の分子生物学

第7幕　DNAの姿　87

Scene 7.1　核の中には何がある？　88
Scene 7.2　ヌクレオチドの4種類の"顔"　90
Scene 7.3　互いに寄り添うDNAの鎖　92

Scene 7.4　DNAの長さはどれくらい？　94
Scene 7.5　DNAと遺伝子とゲノムはどう違うの？　96

ミニ遺伝学事典　99

第8幕　DNAを複製する　109
Scene 8.1　DNAを複製するしくみ　110
Scene 8.2　DNA複製の進む方向　112

第9幕　遺伝子からタンパク質へ　117
Scene 9.1　遺伝子って何？　118
Scene 9.2　タンパク質を設計する暗号　119
Scene 9.3　タンパク質をつくるドラマの2大シーン　120
Scene 9.4　タンパク質をつくるドラマの舞台　121
Scene 9.5　遺伝子を写し取る　122
Scene 9.6　ドラマの第2シーン〜翻訳　124
Scene 9.7　翻訳にたずさわる役者たち①〜運搬RNA　126
Scene 9.8　翻訳にたずさわる役者たち②
　　　　　〜アミノアシルtRNA合成酵素　127
Scene 9.9　翻訳にたずさわる役者たち③〜リボソーム　128
Scene 9.10　翻訳の3つのステップ　130

第10幕　遺伝子を編集する　135
Scene 10.1　抗体遺伝子の切り貼り〜DNAの構造の変化　136
Scene 10.2　メッセンジャーRNAの切り貼り　138
Scene 10.3　再び抗体の登場　140

第11幕　遺伝子の読み取りの調節　143
Scene 11.1　いらないタンパク質はつくらない　144
Scene 11.2　大腸菌の好き嫌い　146

Scene 11.3　挫折から生まれた世紀のアイデア
　　　　　　〜リプレッサータンパク　147
Scene 11.4　招き猫のようなアクチベータータンパク　148
Scene 11.5　危機を知らせるサイクリックAMP　150

第12幕　発生の分子生物学　159
Scene 12.1　はじめに腸をつくる　160
Scene 12.2　細胞が個性を持ち始める　162
Scene 12.3　「原口背唇」という不思議な"唇"　164
Scene 12.4　眼杯という魔法の杯〜誘導の連鎖　166
Scene 12.5　形成体の実体は何か？　168
Scene 12.6　"場"の生物学　169

第13幕　遺伝子の分子生物学と医療との接点　173
Scene 13.1　遺伝病とは何か？　174
Scene 13.2　遺伝要因と環境要因が絡み合った多因子疾患　176
Scene 13.3　「高血圧の遺伝子発見！」は本当か？　179
Scene 13.4　疾患感受性遺伝子多型がなくても病気になる場合　181
Scene 13.5　「遺伝子診断」というより「多型診断」　182
Scene 13.6　"オーダーメイド医療"とは何か？　184

第14幕　がんの分子生物学　187
Scene 14.1　がんは遺伝するのか？　188
Scene 14.2　がんの遺伝子治療　190
Scene 14.3　遺伝子治療はどこまで許されるのか？　192
Scene 14.4　がんの遺伝子診断　193

あとがき　201
引用参考文献　202
索引　203

序曲
分子から見た生命のスケッチ

　生命とは何でしょうか。生きものとは何でしょうか。
　古代、人はすべての物質には生命があると考えていたようです。やがて、生命のあるものと生命のないものとを区別するようになりましたが、結論から先に言えば、この現代においても、私たちは生命とは何かをいまだに知りえません。それでもなお、「生命とは何か」と問わずにはいられないのが人というものです。古くから芸術家は芸術家として、哲学者は哲学者として、そして生物学者は生物学者として、それぞれ生命現象を理解し、表現しようとしてきました。特に、「分子」という目には見えないレベルの視点から生命現象を理解しようとするのが、生化学や分子生物学という学問です。

生きものをつくる分子の特徴は？

　生きものの最小の単位は、「細胞」と呼ばれる小さな袋です。細胞をさらにばらばらにしてみると、「分子」という単位になります。すべての生きものも、コンクリートやガラスといった生命のない無機物と同じように、分子からできているのです。
　分子自体には「生命」はありません。生きものの分子（生体分子）にしても、生きものではない物質の分子にしても、同じ物理法則や化学法則に従います。では、生きものの分子と、生きものではない物質の分子との違いは何だといえるのでしょうか。
　生きものの分子と、生きものではない物質の分子との違いの1つは、分子が特定の役割（機能）を担うか担わないか、ということです。生化学者アルバート・L・レーニンジャーは以下のように語っています。

「生物においては、ある分子についてその機能は何だろうかと問うことは充分に筋の通った質問だ。ところが無生命の物質塊中の分子について同様の質問をすることは的外れであるし、意味がない。」（レーニンジャー、「生化学」、第2版）

たとえば、糖質という分子は、生きものの中でエネルギー源としての役割を担い、リン脂質という分子は、膜をつくってさまざまな分子を包む役割を担っています。特に、タンパク質という分子は、数万種類以上もあって、それぞれが異なる役割を担っているのです。

生きものの分子と、生きものではない物質の分子とのもう1つの違いは、分子どうしが相互関係を結ぶか結ばないか、ということです。

分子は、分子間力やイオン結合といった物理化学的な相互作用を及ぼし合っているのですが、生きものをつくる分子どうしの間には、たんなる物理化学的な相互作用以上の関係があります。生きものの中では、それぞれの役割を担った分子たちが、お互いに仕事を分担し合ったり、競争をしたり、命令に従ったりそむいたり……といった"社会的"な相互関係を結んでいます。本来は「生命」のない分子たちが、生きものの中ではまるで生きているかのように振る舞っているのです。

ゲノム・遺伝子・DNAと分子生物学

これまで生化学や分子生物学は、生体分子たちの役割や相互関係を次々に明らかにすることで、生命現象を解明しようとしてきました。生化学の歴史は古く、18世紀末の発酵の研究に端を発します。それ以来、発酵や消化という生命現象が、酵素というタンパク質どうしの相互作用によって営まれていることが、1930年代までに解明されました。一方分子生物学は、おもに物理学系の人々が自分たちの持っている道具（X線回折装置や、細菌に感染し、菌内で増殖するバクテリオファージというウイルス）を使って遺伝という生命現象をDNAやタンパク質どうしの相互作用として解明したことから台頭し、1950年代から1960年代にかけて、急激な発展をとげました。こうした歴史的な違いはあるものの、

現在では生化学と分子生物学との間は明確な境界はありません。

しかし、分子的な視点から生命現象を解明しようとする学問が、分子生物学であるはずなのに、なぜ、DNAやRNAといった、特定の分子ばかりがスポットライトを浴びるようになったのでしょうか。

DNAは、私たちの1つ1つの細胞の核という場所に存在するデオキシリボ核酸という分子です。DNAは、親から子へ代々伝わる遺伝情報を担った分子で、このDNAに書き込まれた情報をもとに、生命活動が営まれています。DNAのことを「生命の設計図」と表現する人もいます。近年、全世界的に精力的に進められているゲノム研究は、DNAに書き込まれている遺伝情報を手がかりにして、生命のしくみを明らかにしようというものです。特に、ここ四半世紀における分子生物学の発展ぶりにはめざましいものがあり、2001年2月にはヒトのDNAの構造が90パーセント以上解明されました。この結果を受けて、DNAの全機能が解明されていけば、病気の発症などに関する詳細な分子機構がわかり、医療や健康維持に役立てることができるだろうと大きな期待が寄せられています。

しかし、DNAやRNAという分子にスポットライトをあてる分子生物学が解き明かすのは、生命現象のごく一部の側面でしかありません。このことを忘れると、あたかも人類はDNAを解析したことで、生命を理解し、操作することさえ可能になったかのような錯覚に陥ってしまいます。

本書では、まず細胞の内外でのタンパク質という分子が担う機能に注目しながら、生命現象を考え、その後で、タンパク質の設計情報を担うDNA、RNAについて詳しく見ていきたいと思います。そしてゲノム研究と医療との接点についても考えていきたいと思います。

分子生物学が解き明かしてきた生命現象について知れば知るほど、私たちは生命についてなおのこと無知であることに気づくはずです。それと同時に、「生命現象はすごい！」と感動する場面にも出会えることでしょう。

第1部 タンパク質の分子生物学

　　　生きものも、生きていない物質も「分子」でできています。
　　しかし、分子をただたんにかき集めても、生きものはできません。
　　生きものをつくる分子たちは、それぞれ独自の役割を担っていて、
　　お互いさまざまな相互関係を結びながら生命活動を営むのです。
　　　　　　　　生きものをつくる分子の中でも
　　最も大切な役割を担っているのが「タンパク質」という分子です。
　　　タンパク質はどんな分子で、どんな役割を担うのでしょうか。
　　これからこの小さな役者たちが演じるドラマを見ていきましょう。

第1幕
細胞という劇場

　すべての生きものは細胞でできています。たった1つの細胞から成り立っている生物（単細胞生物）もいますが、多くの生物はたくさんの細胞が集まってできています（多細胞生物）。たとえば、私たちヒトは、およそ37兆個もの細胞から成り立っていると見積もられています＊。
　さて、では細胞はどんな構造をして、どんな働きをしているのでしょうか。第1幕では、生きものの基本単位である細胞について理解を深めたいと思います。

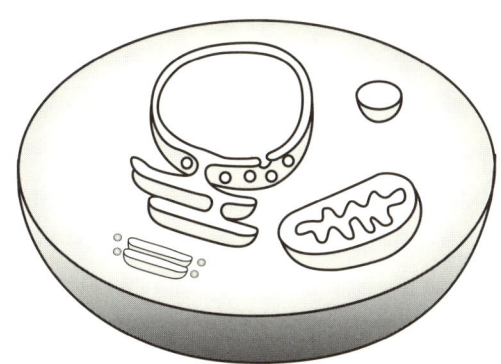

＊　Ann Hum Biol. 2013 ; 40 ; 463

scene 1.1 細胞は"あぶら"の膜で包まれている

　細胞の形や大きさは、細胞の種類によって実にさまざまですが、その基本的な姿は共通しています。1つ1つの細胞はそれぞれ、リン脂質という"あぶら"の膜（細胞膜）に包まれていて、中にはタンパク質や核酸といった分子を溶かした水溶液が入っています。細胞膜は、細胞の中と外を仕切る膜となっているのですが、その厚さは1 mmの10万分の1もありません。ヒトもゾウのような巨大な生きものも、これほどまでに薄い膜でできた細胞が集まってできているのですから、驚きです。

　脂質（"あぶら"）とは、教科書的には「水には溶けにくくベンゼンなどの有機溶媒に溶けやすい分子」のことです。しかし、細胞膜をつくっているリン脂質*は脂質としては例外的で、同じ分子の中に水になじみにくい部分（疎水性部分）と、水になじみやすい部分（親水性部分）の両方を持っています（両親媒性といいます）。

　具体的にいうと、リン脂質はグリセロールという分子に脂肪酸とリン酸が結合した分子で、脂肪酸が結合した部分は水になじみにくく、リン酸が結合した部分は水になじみやすいのです。

　このようなリン脂質分子をばらばらにして水の中に入れると、リン脂質分子たちは水になじみにくい部分を水から隠し、水になじみやすい部分を水に向けるようにして集まるので、右の図のような二重の膜をつくります。これが細胞膜の基本的な姿です。

＊　細胞膜の脂質はほとんどがリン脂質ですが、糖脂質、コレステロールなどもあります。これらの脂質もリン脂質と同じく、親水性の部分と疎水性の部分を持っています。また、細胞膜には膜タンパクという分子が付着しています。膜タンパクの中でも細胞膜を貫通する分子を膜貫通タンパクといいます。膜貫通タンパクには①栄養物質やイオンを輸送する分子（運搬体）、②細胞外の情報を感知して細胞内に伝える分子（受容体→p.60参照）、③細胞膜の両面にある巨大分子をつなぎ止めて細胞膜の構造を維持する分子などがあります。

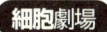

細胞はリン脂質の二重の膜で包まれている

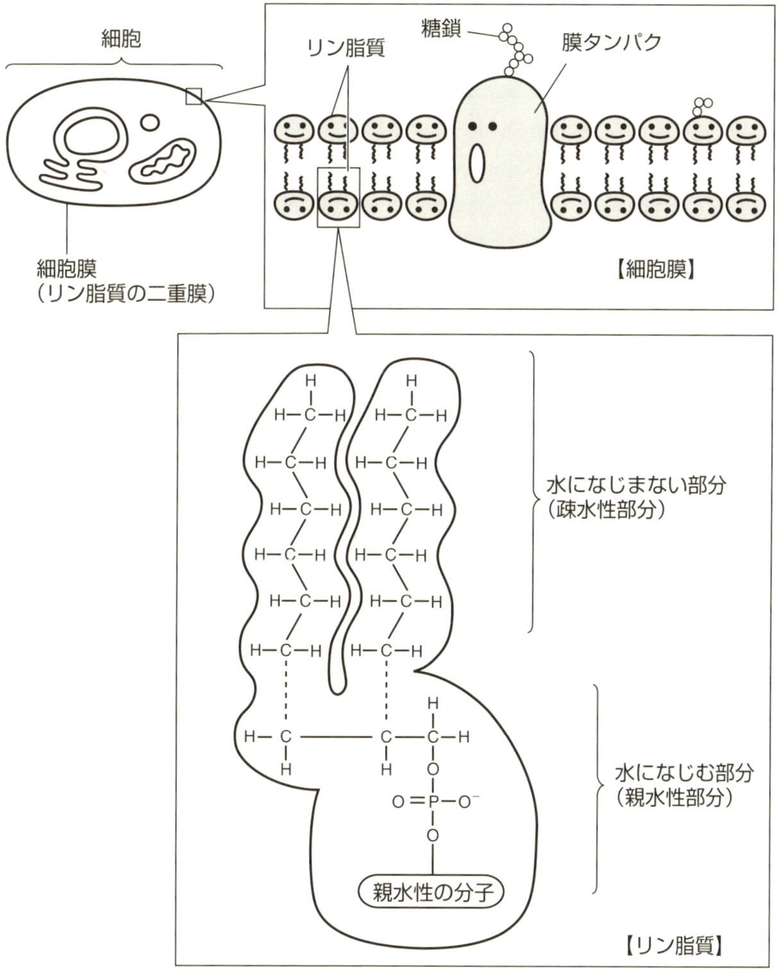

【細胞膜】

【リン脂質】

▶リン脂質を水の中にばらばらにして入れると、リン脂質どうしは水になじむ部分を水の部分に向け、水になじみにくい部分を水から隠すようにして集まるので、二重の膜でできた"風船"ができます。

scene 1.2 細胞の分子たちの紹介

さて、細胞という舞台で活躍する働き手たちにはどんな分子がいるのでしょうか。たとえば、さきほど紹介したように、細胞を包む膜としての役割を担っていた働き手には、リン脂質たちがいました。

細胞で働く分子たちは、その構造（姿、形）から、大きく糖質、脂質、タンパク質、核酸などに分けられます。細胞の分子の中でも、特に大切な分子はタンパク質です。タンパク質を英語で"プロテイン"といいますが、それは「最も主要な」を意味するギリシャ語の"プロテイオス"に由来します。洗剤の広告でなじみ深い酵素もタンパク質です。細胞の中で起こっている化学反応は、すべて酵素によって営まれています。酵素については第2幕で詳しくお話しします。

タンパク質は、アミノ酸という分子を1列につなげてできたひも状の分子なのですが、アミノ酸のつなげ方、すなわちタンパク質のつくり方という情報を担っているのがデオキシリボ核酸（deoxyribonucleic acid, DNA）という分子です。

これらの分子のように、細胞をつくる分子たちは、細胞の中で特殊な役割を担いながら働いているのです。

●**細胞を構成するおもな分子と代表的な働き**
- 糖質　　細胞が生きていくためのエネルギー源となる→p.45、核酸の重要な構成成分→p.88。
- 脂質　　リン脂質は細胞膜の構成分子。中性脂肪はエネルギーの貯蔵庫。
- タンパク質　　細胞を支持する「細胞骨格」や生体内の化学反応を営む「酵素」など、生命活動の主要な担い手。第1部の主役。
- 核酸　　デオキシリボ核酸（deoxyribonucleic acid, DNA）はタンパク質のつくり方という情報を担っている。遺伝子の本体。

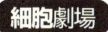

細胞の分子の構造

糖質

エネルギー源
CH_2OH

ブドウ糖（グルコース）

CH_2OH

乳糖（ラクトース）　など

脂質

いも虫みたいな形

脂肪酸（ステアリン酸）

グリセロール
（1分子）
$3H_2O$
脂肪酸
（3分子）
中性脂肪
皮下脂肪の
実体

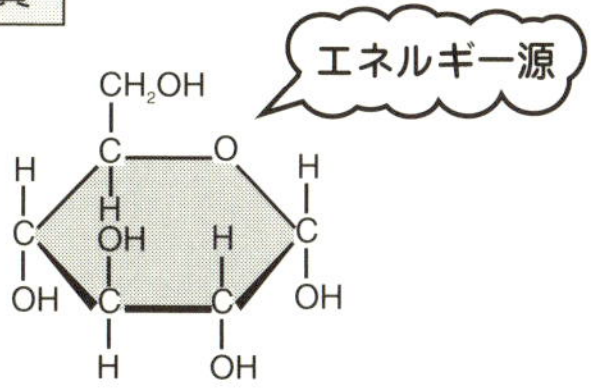

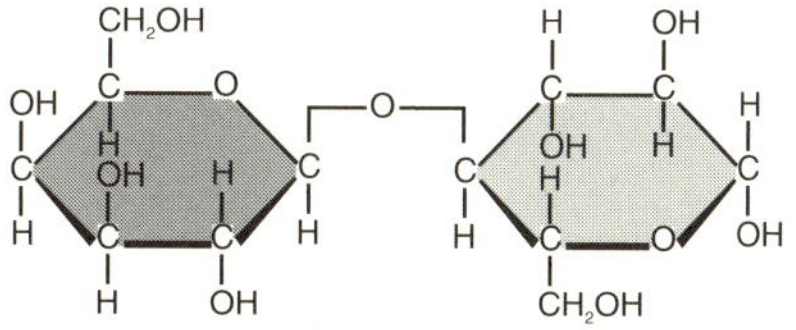

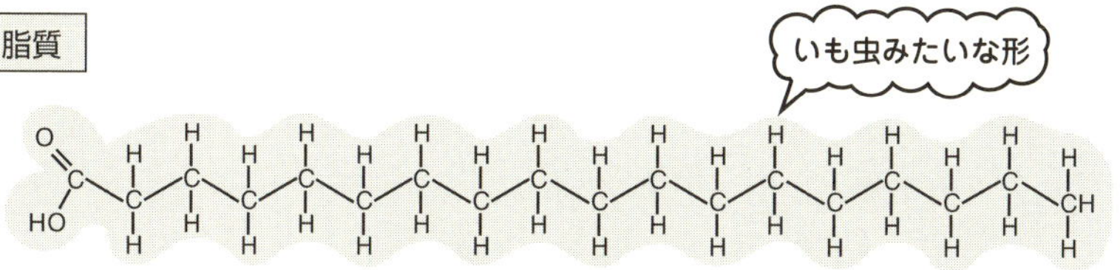

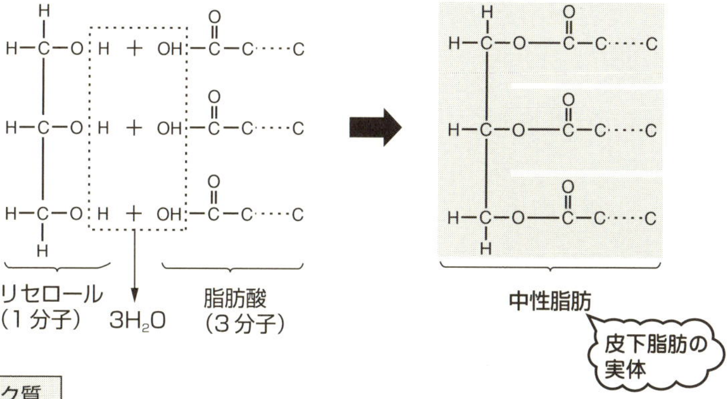

タンパク質

アミノ酸1
アミノ酸2
アミノ酸3
……

→ p.30参照

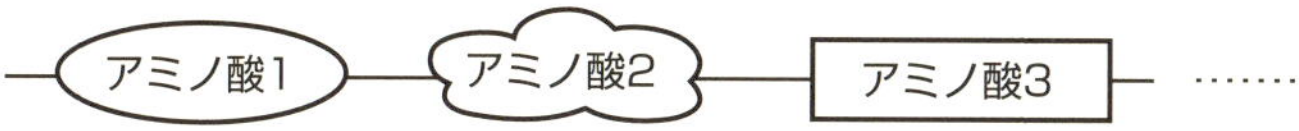

核酸

ヌクレオチド
ヌクレオチド
ヌクレオチド
……

→ p.88参照

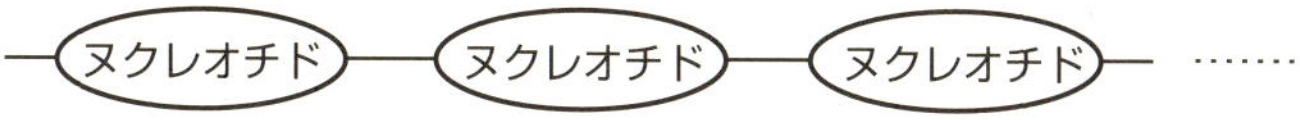

scene 1.3 細胞の分子が働く場所

　細胞は細胞膜という境界で細胞内と細胞外とが仕切られていますが、動物や植物の細胞は、さらに小さな構造物を内部に持っています。これを細胞小器官といいます。この構造物は、膜に包まれて区画されているものが多く、その中では、それぞれ専門の役割を担った分子たちが働いています。

　たとえば、リソソームでは、不要になった分子の分解を専門とするタンパク質たちが働いています。また、ミトコンドリアでは、栄養物質を分解してエネルギーを取り出す役割を担ったタンパク質たちが働いています。このように、細胞の中ではそれぞれ特殊な役割を担った分子たちがそれぞれの場所で仕事をしているのです。また、仕事場どうしを行ったり来たりすることもあります。

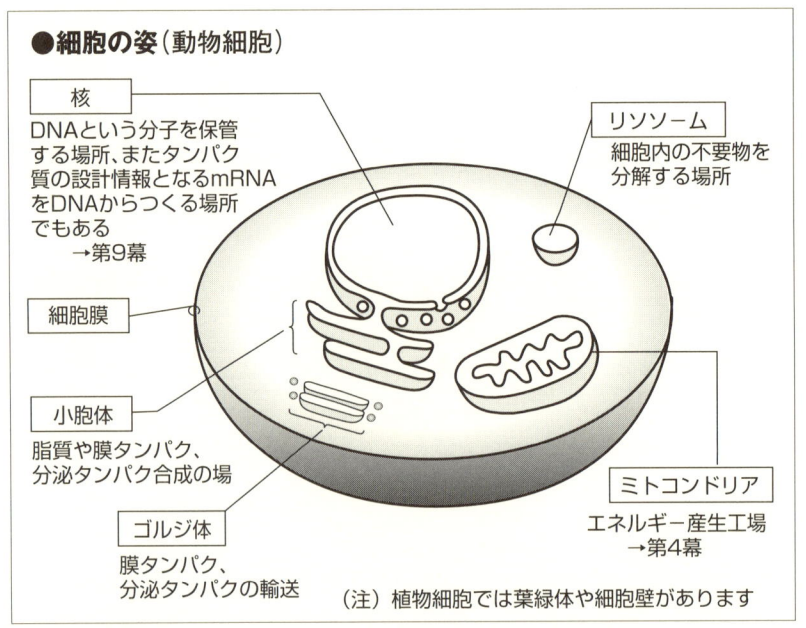

●細胞の姿（動物細胞）

核：DNAという分子を保管する場所、またタンパク質の設計情報となるmRNAをDNAからつくる場所でもある　→第9幕

リソソーム：細胞内の不要物を分解する場所

細胞膜

小胞体：脂質や膜タンパク、分泌タンパク合成の場

ゴルジ体：膜タンパク、分泌タンパクの輸送

ミトコンドリア：エネルギー産生工場　→第4幕

（注）植物細胞では葉緑体や細胞壁があります

scene 1.4 細胞の分子がつくりあげる社会

　細胞は分子でできているわけですが、分子をただ集めただけでは細胞は成り立ちません。細胞の分子たちは、それぞれ役割を担い、そして相互関係を結びながら働いているのです。

　たとえば、細胞の中では、20種類以上ものタンパク質たちが役割を分担して協力しあいながら、ブドウ糖を二酸化炭素と水分子にまで分解して、生きるために必要なエネルギーを取り出します（第4幕）。

　分子どうしの相互関係は、協力関係だけでなくて上下関係もあります。細胞の外から情報伝達物質という分子が届くと、これを受けとめた受容体タンパクが興奮して、ほかのタンパク質たちを次々と刺激します。それはまるで上司が部下に指令を下すかのような現象です（第5幕）。

　細胞を分子のたんなる集合体以上のものにするのは、こうした分子どうしの相互関係があるからなのです。細胞という場に、分子という働き手ばかりが集まっても、勝手気ままに、動いていたら、全体としての統一がまったくとれません。さまざまなやりとりが分子どうしで行われているからこそ、生命は維持されているのです。

　さて、これまでは細胞の中の話を中心にしてきましたが、今度は細胞の外の世界にスポットライトをあててみましょう。

scene 1.5 細胞は集まって組織をつくる

　多細胞生物である私たちヒトのからだは、およそ37兆個もの細胞でできていると見積もられています。これらの細胞たちの内外では、多くの分子たちが役割を担っているのですが、分子たちの働き方や役割分担によって細胞の個性がつくりあげられています。細胞膜を持つとか、核を持つなど、細胞に共通の特徴のうえに細胞の個性が加わって、皮膚の細胞や筋肉の細胞などのさまざまな細胞に分かれるのです。その種類は200種類以上ともいわれています。

　これらの細胞のうち、似たような形や働きを持つ細胞どうしが集まって組織（tissue）をつくります。組織はおもに、上皮組織、筋組織、神経組織、結合組織の4種類に分けられています。

●細胞が集まってできる組織には4種類ある

組織	組織の構造	組織の働き
上皮組織	上皮細胞がお互いに接着してできる	からだの表面や消化管、気管の内面を覆う
筋組織	収縮自在の筋細胞が集まってできる	からだの運動、胃腸や心臓の運動に関与する
神経組織	突起を持った神経細胞が集まってできる	刺激によって興奮し、その興奮を伝達する
結合組織	細胞と、細胞が分泌する繊維によってできる（p.22参照）	組織と組織を結合させたり、からだを支持する

上皮組織
上皮細胞はお互いに密に接着してからだの表面や消化管や気管などの内面を覆います。

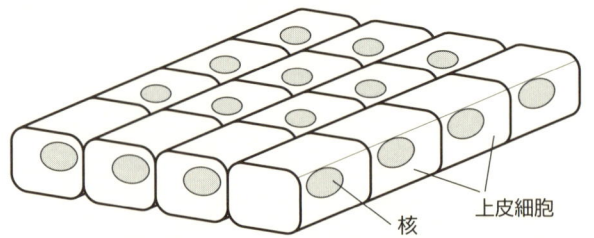
核　　上皮細胞

細胞劇場

筋組織

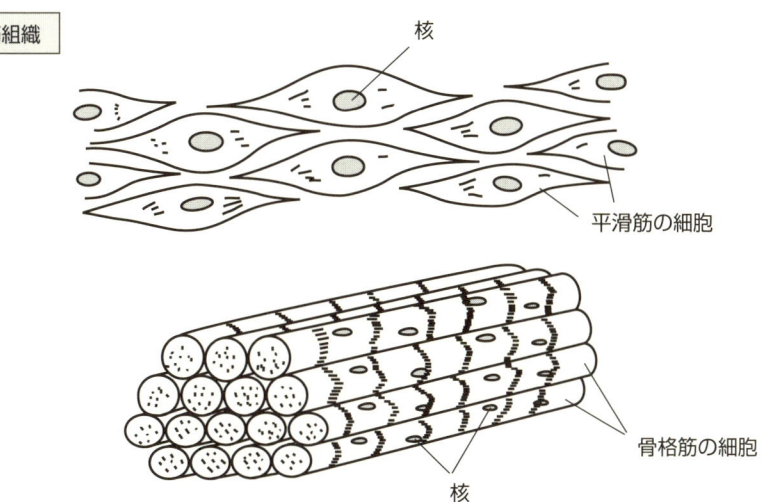

平滑筋は、消化管や血管をリング状に取り巻き、収縮することによって消化管を運動させたり、血管の内腔を狭めたり、拡張したりします。
骨格筋は収縮によって、筋肉運動を行います。1つの細胞が長く、核をたくさん持ちます。

神経組織

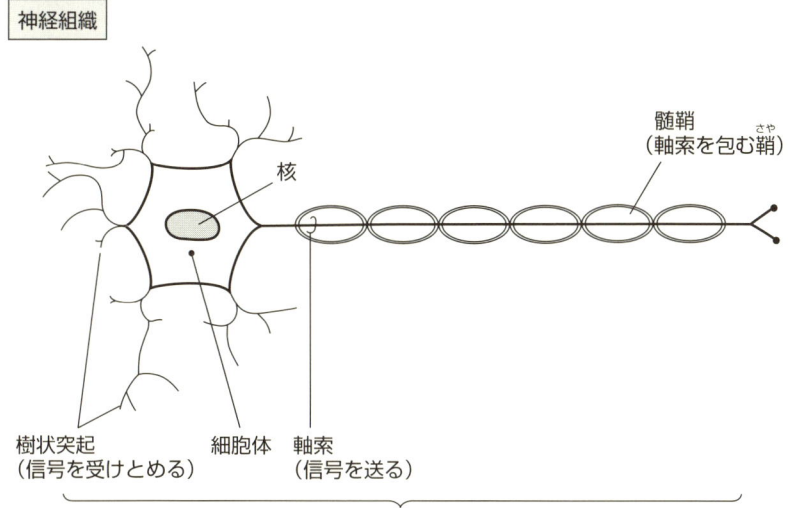

神経細胞は、樹状突起という木の枝のような突起で情報を受けとめ、軸索によって情報を送る細胞です。軸索の末端はシナプスという特殊な構造になっています。

第1幕　細胞という劇場

からだの下の部分の細胞はなぜつぶれない？
〜細胞外マトリックス

　ヒトのからだは、およそ37兆個の細胞でできているという話をしました。1つ1つの細胞は、10万分の1mmにもみたない薄い膜でできた、とてもやわらかい袋です。これだけの数の細胞たちが集まっても、からだの下の部分の細胞が、重みでつぶれてしまわないのはなぜでしょうか。

　理由の1つは、細胞の中には細胞中に張り巡らされた細胞骨格という、タンパク質がつくる繊維状の構造があるおかげです。骨格といっても、骨のように硬くはなく、しなやかに動いたり消えたりもします。そして、細胞の形を決めたり、変形させたり、細胞内の分子を動かすレールの役割を果たしたりします。

　理由のもう1つは、細胞外マトリックス[*1]という細胞と細胞の間のすきまを埋める物質のおかげです。細胞外マトリックスは、物理的に組織を支持したり、細胞を取り囲むことで、細胞の生きていくための環境をつくりだしています。細胞外マトリックスの主要な構成成分はコラーゲン[*2]という繊維状のタンパク質です。細胞外マトリックスには、その他にコラーゲン繊維と細胞とを連結するフィブロネクチンやラミニンというタンパク質などがあります。

　とくに結合組織という、からだを支えたり、組織と組織とを結びつける細胞集団では、細胞と細胞の間を大量の細胞外マトリックスが埋めています。たとえば、私たちの骨は結合組織なのですが、骨は骨芽細胞という細胞が外に出したタイプⅠコラーゲン繊維に、リン酸カルシウムの結晶（ヒドロキシアパタイト）が結合してできています。細胞体マトリックスは"鉄筋コンクリート"にたとえると理解しやすくなります。骨芽細胞が分泌したコラーゲン繊維を鉄筋とすれば、鉄筋と鉄筋との間を埋め尽くすセメントに相当するのがリン酸カルシウムの結晶です。また、私たちの軟骨は、軟骨細胞が分泌したコラーゲン繊維に、プロテオグリカンという水分をたっぷりと含む糖タンパクが結合してできたものです。プロテオグリカンは圧縮に強く、1cm^{2}あたり数百kgの圧力に耐えることができるのです。

[*1]　"matrix"という言葉には第一義的に「母体、基盤」という意味があります（"matri-"は「母」を表す接頭語）。細胞も細胞外マトリックスを基盤、足場としているのです。細胞外マトリックスは細胞外基質とも訳されます。
[*2]　コラーゲンにはいくつかのタイプがあり、タイプⅠコラーゲンは皮膚や骨や腱の主成分となり、からだのコラーゲンの90％を占めています。一方、タイプⅡコラーゲンは軟骨や目のガラス体の成分となります。

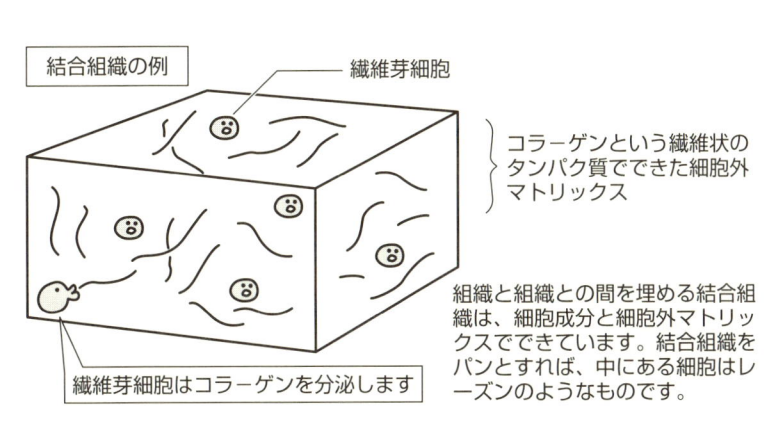

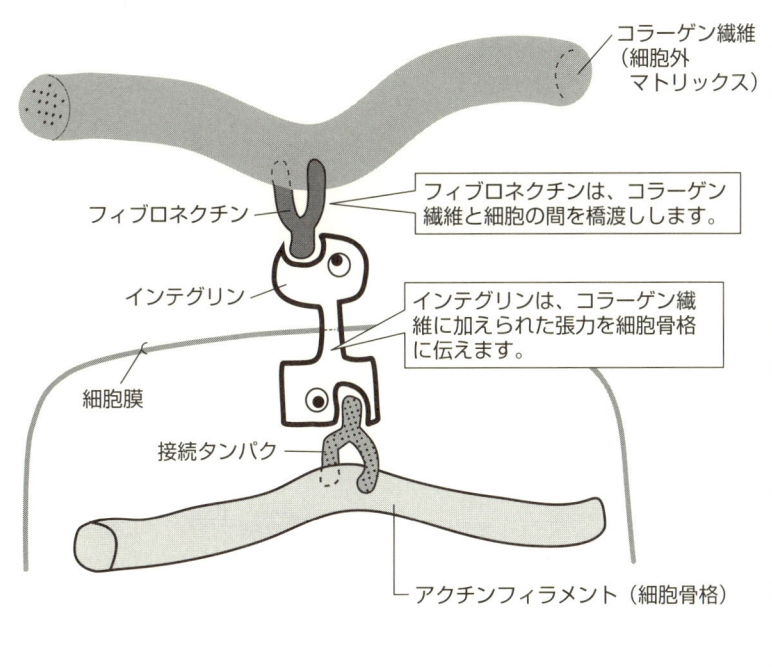

第1幕 細胞という劇場

どうやって似た細胞どうしが集まるのか?

　似た細胞どうし、すなわち上皮細胞なら上皮細胞どうし、神経細胞なら神経細胞どうしがくっつくのにはわけがあります。その鍵はカドヘリン*というタンパク質が握っています。

　細胞と細胞は、接着分子というタンパク質を介してくっつき合うのですが、中でもカドヘリンは日本の竹市雅俊博士が発見した大切な接着分子です。カドヘリンには十数種類のタイプがあります。同じタイプのカドヘリンを持った細胞どうしが接着することによって、同じグループの細胞どうしがくっつくのです。

　たとえば、上皮細胞どうしは、E型のE-カドヘリンでくっつき合って上皮組織をつくります（Eは上皮epitheliumの頭文字）。また、神経細胞どうしはN-カドヘリンとくっつき合って神経組織をつくります（Nは神経nerveの頭文字）。このように、カドヘリンは同じ仲間の細胞どうしをつなぎ止める大切な分子なわけです。

＊　カドヘリン（cadherin）は、カルシウム（calcium）の存在下で細胞と細胞とを接着（adhesion）させる分子なので、その名前がついています。

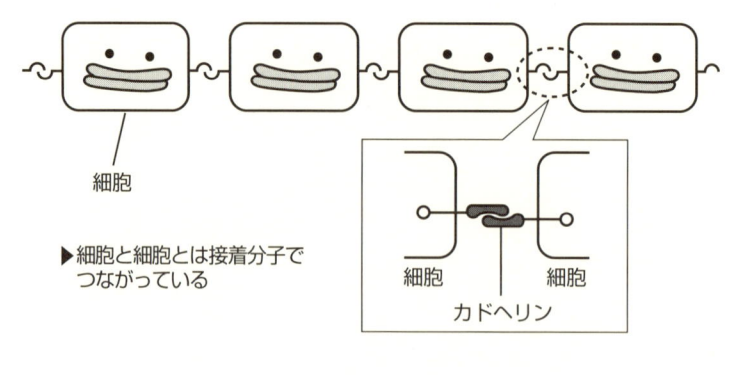

▶細胞と細胞とは接着分子でつながっている

scene 1.6 組織が集まって器官をつくる

　これまで細胞が集まって組織をつくるという話をしましたが、いくつかの組織が集まると、器官（organ）ができます。

　たとえば、腸という器官は、内面を覆う上皮組織と、蠕動運動をするための平滑筋組織と、上皮組織と筋組織を結合させる結合組織でできています。また、心臓という臓器は、一様に伸び縮みをくり返す筋肉細胞（心筋細胞）の組織が集まってできています。

　こうしてできた器官どうしは、お互いに血流を介して密接につながり合い、異なる機能を分担してからだという全体をつくりあげていきます。

　たとえば、肺で受け取った酸素は、心臓が送り出す血流を介して全身の器官に配られます。あるいは腸はからだに必要な栄養物を吸収し、腎臓は不要な老廃物を排出する、といった具合です。

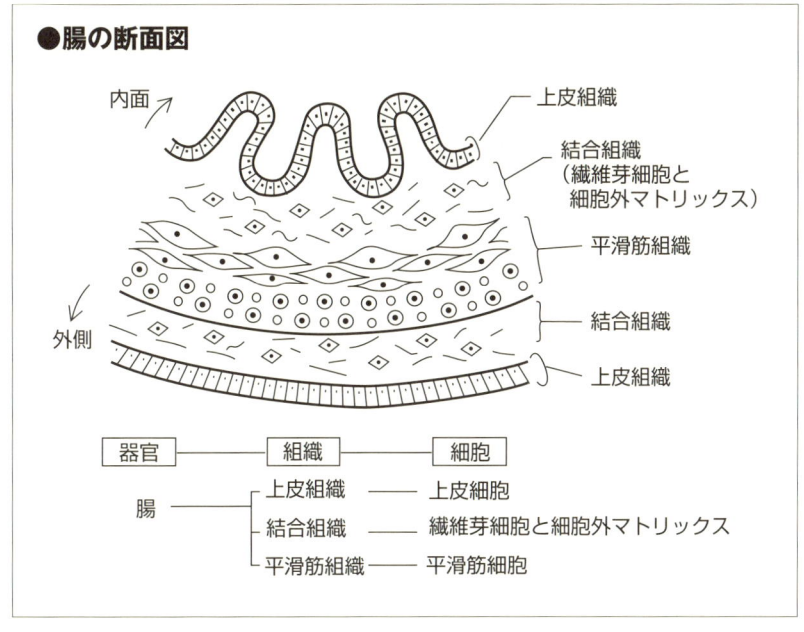

25

scene 1.7 からだの中の"社会"

こうして見てみると、私たちのからだの中は、それぞれ特殊な役割を担った器官や組織たちがお互いに関係し合ってつくりあげる"社会"のようなものといえます。そして、それぞれの器官や組織の中も、それぞれ特殊な役割を担った細胞たちがお互いに関係し合ってつくりあげる"社会"のようなものになっていることがわかります。病理学の父と呼ばれ、政治家としても活躍したルドルフ・フィルヒョー（Rudolf Virchow, 1829～1902）は、からだの中を細胞と細胞がつくりあげる"国家"のようなものにたとえていました。

そしてさらに、細胞の中は分子と分子がつくりあげる"社会"のようなものであるわけです。

（注）細胞どうし、細胞の分子どうしの相互関係が乱れたときには、病的な事態を引き起こすことになります。このことについては折に触れてお話ししたいと思います。

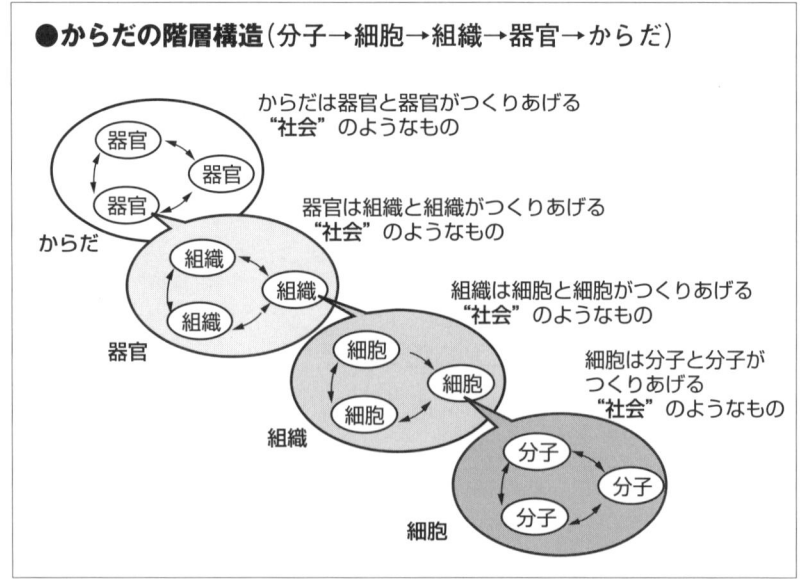

●からだの階層構造（分子→細胞→組織→器官→からだ）

からだは器官と器官がつくりあげる"社会"のようなもの

器官は組織と組織がつくりあげる"社会"のようなもの

組織は細胞と細胞がつくりあげる"社会"のようなもの

細胞は分子と分子がつくりあげる"社会"のようなもの

第1幕のまとめ

●細胞の分子はそれぞれ役割（機能）を担っている
● 糖質、中性脂肪はエネルギー源として働く。
● リン脂質は細胞膜や細胞小器官の膜として働く。
● タンパク質は10万種類以上あり、生命活動の主要な機能を担う。
● DNA（デオキシリボ核酸）はタンパク質のつくり方という情報を担う。遺伝子の本体である。

●細胞の構造
● 細胞膜　細胞を仕切る膜で、おもにリン脂質でできている。
● 細胞小器官　細胞内にある、一定の機能を持つ構造体。特定の機能を担う。

　　　核・・・・・・・・・・・・DNAをしまう倉庫
　　　ミトコンドリア・・・・・・・エネルギー生産工場
　　　リソソーム・・・・・・・・・細胞内消化の場
　　　小胞体・・・・・・・・・・・膜タンパク、分泌タンパクの合成の場
　　　ゴルジ体・・・・・・・・・・膜タンパク、分泌タンパクの輸送

●細胞が集まって組織をつくる
● 上皮細胞が集まって、上皮組織をつくる。上皮組織の細胞どうしを接着させる分子に、E-カドヘリンがある。
● 神経細胞が集まって、神経組織をつくる。神経組織の細胞どうしを接着させる分子に、N-カドヘリンがある。
● 筋細胞が集まって、筋組織をつくる。
● 結合組織は細胞と大量の細胞外マトリックスでできている。
● 細胞外マトリックスの主要な成分はコラーゲンであり、コラーゲンに付着する化学物質の性状によって骨のような硬い組織ができたり、軟骨のように柔軟な組織ができる。

■楽屋裏■
遺伝子くんとタンパク娘の部屋　その1

遺伝子くん　これから僕たち遺伝子を主役にしたドラマが始まるんだ。

タンパク娘　誰が遺伝子くんを主役って決めたのよ？　私こそが主役だわ。だって、「分子の中でも、特に大切な分子はタンパク質だ」って、さっき脚本家がいっていたじゃない。

遺伝子くん　その後で、「タンパク質のつくり方という情報を担っているのがDNAだ」っていっていたじゃないか。

タンパク娘　そう？　そういえば。遺伝子くんって、DNAって呼ばれたり、ゲノムって呼ばれたり、いろいろね。なんでそんなに芸名を持っているの？

遺伝子くん　別に芸名ってわけじゃないよ。そこのところは、この脚本によると、96ページで明らかにされるようだね。

タンパク娘　とにかく、出番は私のほうが先だから、そろそろ準備するわ。遺伝子くんなんかと、無駄話している暇はないの。

遺伝子くん　舞台はどこ？　核の中？

タンパク娘　違うわ。まずは細胞よ。

遺伝子くん　広い舞台だなぁ。ところで細胞が発見されたのって、いつなの？

細胞の発見

　顕微鏡が発明されたのは、16世紀末のことでした。オランダの町の眼鏡屋さん親子が、たまたまレンズを2枚重ねるということを考えついたことによって発明され、顕微鏡だけでなく望遠鏡も同じころに誕生したといい伝えられています。レンズの向こうに広がる未知の世界に、当時の人々はどれだけ魅せられたことでしょうか。

　17世紀半ばになると、物理学者であり数学者でもあったロバート・フック（Robert Hooke, 1635～1703）が、自分でつくった顕微鏡でコルクを観察して、コルクがハチの巣のように小さな部屋でできていることを発見しました（1665年）。フックはこの小部屋を「細胞（セル）」と名付けるのですが、その後、この地球上のすべての生きものが細胞（セル）でできていることがわかるのは、19世紀も半ばになってからのことでした。

第2幕
タンパク質の姿

　細胞の中で、さまざまな分子が役割を担って働いている様子を見てきましたが、特にタンパク質（プロテイン）は、生命活動にとって"最も主要（プロテイオス）"な役割を担う分子です。

　たとえば、からだの中で起こっている化学反応のすべては、酵素というタンパク質がなければ進みません。また、細胞の外からやってきた情報伝達物質を受けとめて、その刺激を細胞の中に伝える受容体もタンパク質です。

　これらのタンパク質たちがそれぞれ独特の役割を担うことができるのは、それぞれのタンパク質が独特の形をしているからです。タンパク質にとって、その立体的な形は機能と切っても切れない関係にあるのです。ここではタンパク質がどのようにして立体的な形をとるのか、そのしくみを見てみましょう。

scene 2.1 タンパク質をほどけば1本のひも

「肉や大豆にはタンパク質が豊富に含まれる」といわれています。しかし、タンパク質が豊富なのは、肉や大豆に限ったことではありません。ありとあらゆる細胞は、乾燥させると重さの半分以上はタンパク質なのです。そして生命活動のほとんどはタンパク質によって営まれています。

タンパク質は、アミノ酸という材料分子を1列につなげてできた鎖状の分子です。肉や大豆に豊富にあるタンパク質が、実は鎖状の分子であるという話を初めて聞くと違和感があるかもしれません。しかし、ネックレスをぐちゃぐちゃに丸めた様子を連想してください。タンパク質も1本の鎖分子が複雑に折りたたまって、立体的な形をとった分子なのです。

さて、私たちが大豆や肉類を食べて得られたタンパク質は、腸でいったん消化されて、アミノ酸となってからだの中に吸収されます。そして腸から吸収したアミノ酸を材料として新たに自分たちのタンパク質をつくっていくのです。アミノ酸を鎖状につなげてできた分子をポリペプチド鎖ともいいます。

ところで、生物が利用しているタンパク質の種類はどのくらいあると思いますか。それは約10万とも数えられていますし、数え方によっては無限にあるといえます。ところがその材料であるアミノ酸はたったの20種類*しかないというのも意外といえば意外です。また、すべてのタンパク質がかならずしも20種類すべてのアミノ酸を含むわけではありません。

---

* ちなみに、タンパク質の材料である20種類のアミノ酸をメチオニン、アルギニン……とせっかく覚えても、本場の発音はメサイアナン(「サ」にアクセント)やアージニン(「ア」にアクセント)といった具合にまったく違うので注意してください。

●生体に含まれるアミノ酸の化学式

グリシン (Gly)	アラニン (Ala)	バリン* (Val)	ロイシン* (Leu)
H $H_2N-CH-COOH$	CH_3 $H_2N-CH-COOH$	CH_3 $CH-CH_3$ $H_2N-CH-COOH$	CH_3 $CH-CH_3$ CH_2 $H_2N-CH-COOH$

イソロイシン* (Ile)	セリン (Ser)	プロリン (Pro)	トレオニン* (Thr)
CH_3 CH_2 $CH-CH_3$ $H_2N-CH-COOH$	OH CH_2 $H_2N-CH-COOH$	CH_2 $CH_2\ CH_2$ $NH-CH-COOH$	CH_3 $CH-OH$ $H_2N-CH-COOH$

アスパラギン酸 (Asp)	アスパラギン (Asn)	グルタミン酸 (Glu)	グルタミン (Gln)
$COOH$ CH_2 $H_2N-CH-COOH$	NH_2 $C=O$ CH_2 $H_2N-CH-COOH$	$COOH$ CH_2 CH_2 $H_2N-CH-COOH$	NH_2 $C=O$ CH_2 CH_2 $H_2N-CH-COOH$

ヒスチジン* (His)	リシン* (Lys)	システイン (Cys)	アルギニン (Arg)
CH $HN\ N$ $C=CH$ CH_2 $H_2N-CH-COOH$	NH_2 CH_2 CH_2 CH_2 CH_2 $H_2N-CH-COOH$	SH CH_2 $H_2N-CH-COOH$	$H_2N\ NH$ NH CH_2 CH_2 CH_2 $H_2N-CH-COOH$

メチオニン* (Met)	フェニルアラニン* (Phe)	チロシン (Tyr)	トリプトファン* (Trp)
CH_3 S CH_2 CH_2 $H_2N-CH-COOH$	ベンゼン環-CH_2- $H_2N-CH-COOH$	OH-ベンゼン環-CH_2- $H_2N-CH-COOH$	インドール環-CH_2- $H_2N-CH-COOH$

■は側鎖を表す。側鎖はアミノ酸の個性を示す。*はヒトの必須アミノ酸

▶ アミノ酸には多数の種類がありますが、生体を構成するタンパク質に含まれるアミノ酸は20種類です。*印のアミノ酸9種類はヒトの細胞では、合成することができないので、必須アミノ酸といいます。

scene 2.2 1本の鎖が複雑な形になるまで

　さて、アミノ酸を鎖状につなげてできた分子が、立体的な分子に変身する様子を見ていきましょう（p.33～35参照）。まず、アミノ酸の一次元的な配列順序のことを一次構造といいます。

　アミノ酸とアミノ酸とが結合した場所、すなわちペプチド結合（-CONH-）の中にある水素原子（H）は電気的にプラスを帯びていて、酸素原子（O）は電気的にマイナスを帯びているので、お互いに引き寄せ合います（水素結合）。すると、アミノ酸でできた鎖、すなわちポリペプチド鎖はらせん構造やジグザグ構造をとります。このように狭い範囲での立体構造を二次構造といいます。

　さらに、同じポリペプチド鎖の中のアミノ酸の側鎖どうしが電気的引力で引き合ったり（イオン結合）、強く結合したり（イオウ原子どうしのジスルフィド結合、S-S結合）して複雑な立体構造をつくります。また、アミノ酸にも水に溶けやすい親水性のものと、溶けにくい疎水性のものがあるのですが、親水性のアミノ酸が表面に移動し、疎水性のアミノ酸は水から遠ざかるよう中に閉じこもる構造になります。このように、アミノ酸の鎖はさまざまな力によって特有の形になるのです（三次構造）。

　こうしてできたポリペプチド鎖が複数個集まってタンパク質として働く場合、その全体の立体構造を四次構造といいます。赤血球の中に含まれるヘモグロビンというタンパク質は、4つのポリペプチド鎖の単位（サブユニット）で構成されています。

　ここまでは、どの教科書にもかかれていることです。しかし、タンパク質がどのようにして独特の立体的なかたちをとるのかについては、少しずつ明らかになってきてはいるものの、完全にはまだよくわかっていません。それは「構造生物学」という新たな学問が挑戦している研究課題なのです。

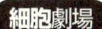

アミノ酸を1列につなげるとタンパク質ができる

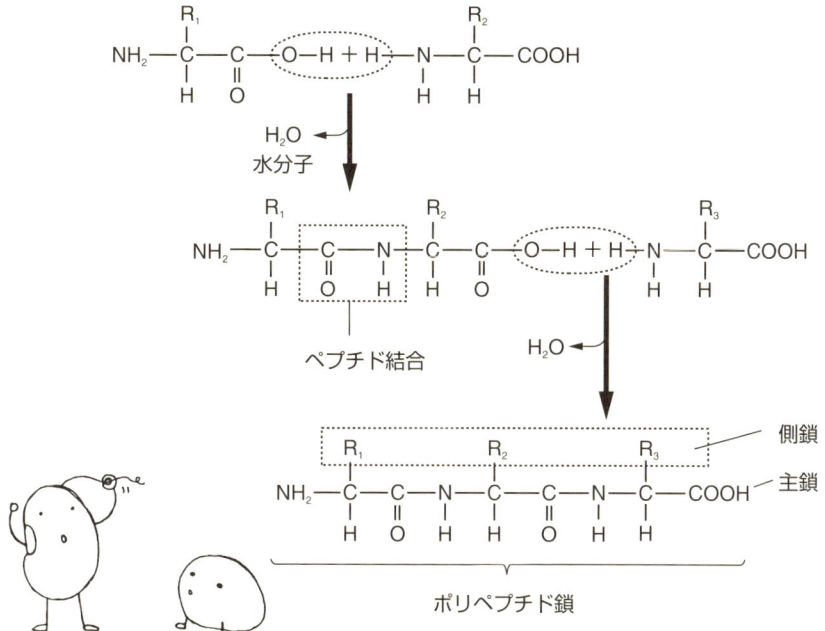

1 タンパク質を構成するアミノ酸は、1個の炭素原子（C）にアミノ基（－NH_2）とカルボキシル基（－COOH）と水素基（－H）、そして残りの基（側鎖、－R）が結合した分子です。

2 あるアミノ酸のアミノ基と別のアミノ酸のカルボキシル基との間で結合が起こることで鎖分子ができます。これを「ペプチド結合」といいます。そしてペプチド結合によってつくられる鎖を「ポリペプチド鎖」といいます。タンパク質とは、アミノ酸が50個程度以上つながった大きなポリペプチド鎖なのです。

1本の鎖が複雑な形になるまで

● 一次構造

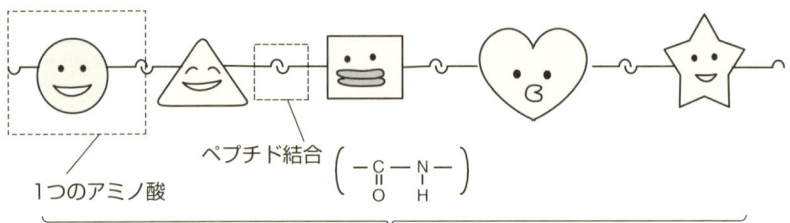

1つのアミノ酸

ペプチド結合 $\begin{pmatrix} -C-N- \\ \parallel \mid \\ O H \end{pmatrix}$

アミノ酸の一次元的な配列順序のことを一次構造といいます。

● 二次構造

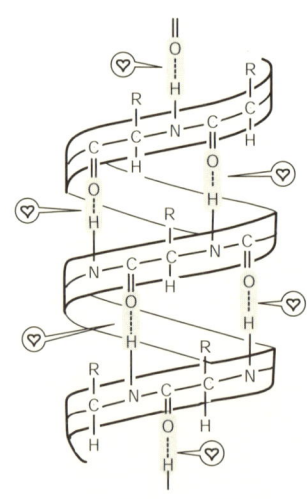

らせん構造
（α-ヘリックス構造）

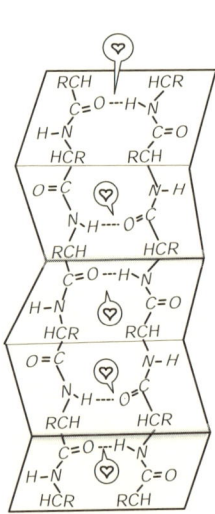

ジグザグ構造
（β-シート構造）

▶ アミノ酸とアミノ酸との結合部位、すなわちペプチド結合における酸素原子は電気的にマイナスを帯び、水素原子はプラスを帯びているので、お互いに引き寄せ合います（水素結合）。この引力によりアミノ酸の鎖（ポリペプチド鎖）は、らせん構造やジグザグ構造をとります。これを二次構造といいます。

●三次構造

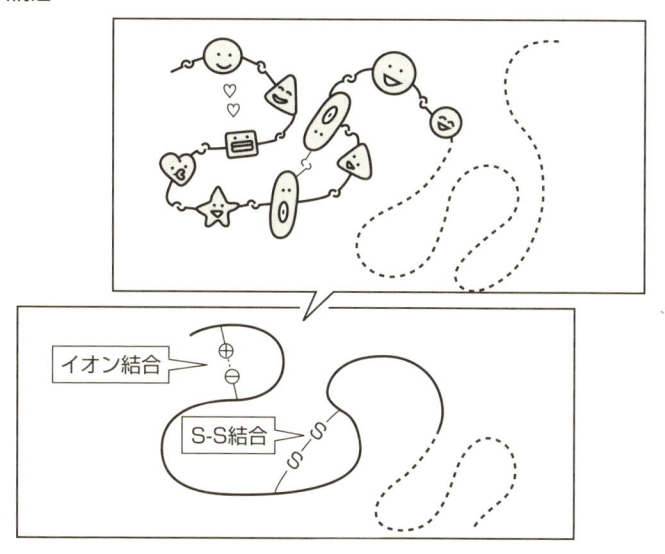

▶ アミノ酸の側鎖どうしが電気的な引力で引き合ったり（イオン結合）、強く結合（イオウ原子どうしのジスルフィド結合、S-S結合）することで、ポリペプチド鎖は複雑な立体構造をとります。これが三次構造です。

●四次構造

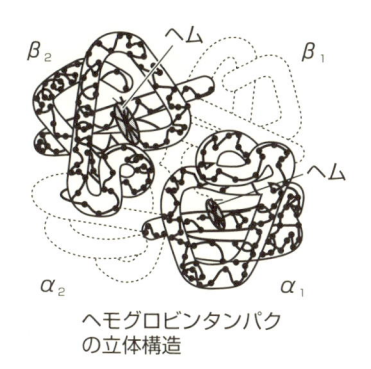

ヘモグロビンタンパクの立体構造

▶ 三次構造をとったポリペプチド鎖が複数個集まってタンパク質としての機能を発揮する場合、その全体の立体構造を四次構造といいます。たとえば、酸素を運ぶヘモグロビンタンパクは、4つのポリペプチド鎖が集まったものです。

35

第2幕のまとめ

●生命活動において、最も主要な機能を担っているのはタンパク質である。

●タンパク質たちがそれぞれ独特の役割を担うことができるのは、それぞれのタンパク質が独特の形をしているからである。

●タンパク質はアミノ酸を1列につなげてできた分子である。
　タンパク質として使われるアミノ酸は20種類ある。

●多数のアミノ酸がペプチド結合でつながった物質をポリペプチドと呼ぶ。タンパク質とは50個程度以上のアミノ酸でできたポリペプチドである。

●アミノ酸の立体構造
●アミノ酸の一次元的な配列順序のことを一次構造という。
●アミノ酸とアミノ酸との結合部位における酸素原子はマイナスの電荷を帯び（電気陰性度が高い）、水素原子はプラスの電荷を帯びている（電気陰性度が低い）ため、お互い水素結合を形成する。この水素結合によりポリペプチド鎖はらせん構造やジグザグ構造をとる（二次構造）。
●二次構造をとったタンパク質は、イオン結合、ジスルフィド結合などによって、より複雑な立体構造（三次構造）をつくる。
●複数のポリペプチド鎖が集まって、タンパク質としての機能を発揮する場合、その全体を四次構造という。

第3幕
タンパク質の働きぶり

　タンパク質は独自の形（立体構造）に応じて特殊な役割（機能）を果たすのですが、タンパク質をつくるための設計情報を担うのがデオキシリボ核酸（DNA）です。DNAの中にはどのアミノ酸をどの順番に並べるかという情報が書き込まれてあるのです。
　この本の第2部では、DNAとタンパク質のつながりを探ってみたいと思いますが、その前にタンパク質が、生命現象の中でどのように活躍しているのか、「酵素タンパク」を例にとって、もう少し詳しく見てみましょう。
　タンパク質たちがお互いに協力したり、ほかのタンパク質の活性を調節しているのがわかります。生きものの分子は役割を担い、そして相互関係を結ぶのです。

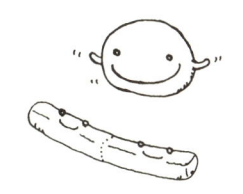

scene 3.1 酵素タンパクの驚くべき能力

　からだの中で起こっているすべての化学反応は、酵素（enzyme）がなければ進行しません。酵素は、からだの中で特定の化学反応を驚くべき速さで促進させるタンパク質です。実験室では何日も何週間もかかるような複雑な化学反応を、酵素は摂氏37℃前後という温度で一瞬のうちに終わらせてしまうのです。どうしてそのようなことが可能なのでしょうか。たとえば、細胞の中で「A」という分子と「B」という分子を合体させて「A−B」という分子をつくる化学反応を考えてみましょう。

　酵素がない場合には、細胞の中の「A」分子と「B」分子とは、ぶつかりあうことはあっても、合体して「A−B」という分子になることはありません。ところが、「A」分子と「B」分子をしっかりとつかまえて対面させる"裏方分子"があれば、「A−B」分子はすぐにつくられるのです。この"裏方分子"こそが、酵素なのです。

　酵素はこのように、化学反応をさせたい相手分子（基質 substrate）とカギとカギ穴のように結合することによって、化学反応を促進して生成物（product）を生みだします。酵素が基質と結合する場所を活性部位（active site）といいます。

ミニ細胞劇場 酵素は活性部位で基質と結合して生成物をつくる

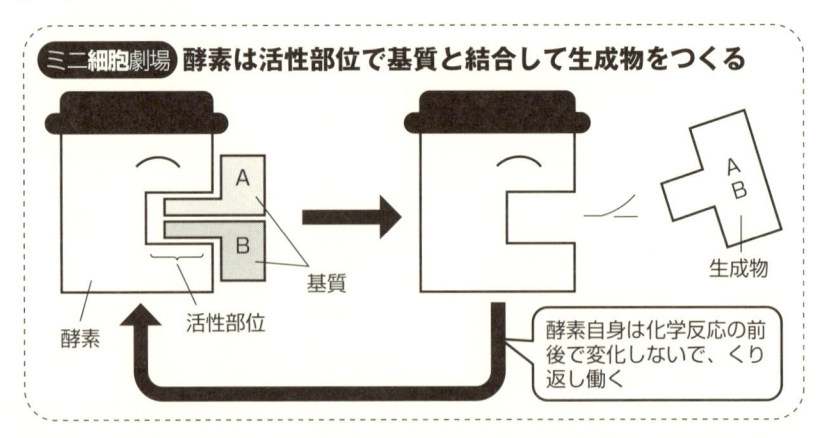

基質／活性部位／酵素／生成物／酵素自身は化学反応の前後で変化しないで、くり返し働く

scene 3.2 酵素タンパクは排他的

　酵素タンパクは活性部位という場所で化学反応を促進するわけですが、排他的で、特定の化学反応しか促進することができません。

　たとえば、「A」分子と「B」分子とを合体させて「A–B」分子をつくらせる酵素は、それ以外の化学反応には見向きもしません。「X」という分子と「Y」という分子とを結合させて「X–Y」という分子をつくる化学反応には、別の酵素が関わっています。

　一般的に、酵素の立体的な形と、酵素が化学反応させる相手分子（基質）の立体的な形との間には、"1対1の関係"あるいは"カギとカギ穴の関係"が成り立っています。これを酵素の基質特異性といいます。このような性質があるので、それぞれの酵素は、特定の1つの化学反応だけを促進するのです。いいかえれば、化学反応の種類の数だけの多くの酵素があるということです。現在までに数千種類以上の酵素が知られています。

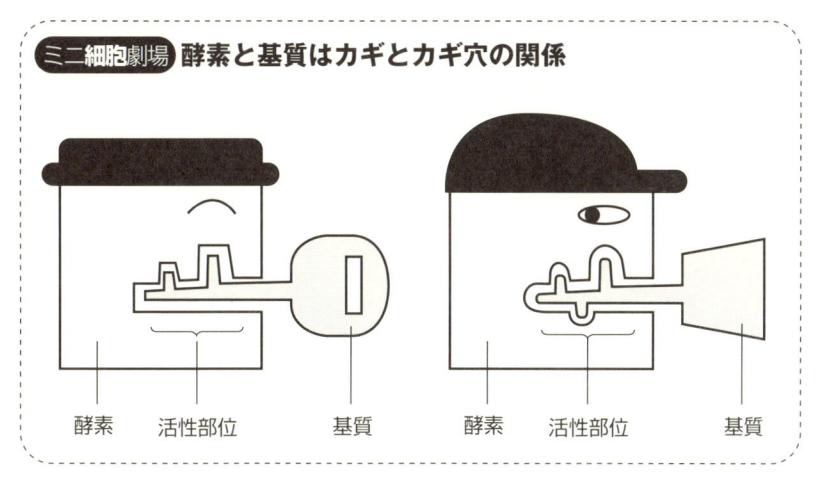

ミニ細胞劇場　酵素と基質はカギとカギ穴の関係

酵素　活性部位　基質　　酵素　活性部位　基質

（注）触媒　　一般的に化学反応を促進する物質（化学反応の前後で自身は変化しない）を触媒といいます。酵素は生体の中で働く"生体触媒"です。

scene 3.3 酵素たちの流れ作業

1つ1つの酵素は特定の化学反応しか担当しないわけですが、酵素1がA分子をB分子にし、酵素2がB分子をC分子にし、酵素3がC分子をD分子にする……といった具合に、酵素たちは流れ作業的に協力し合っています。

たとえば、栄養物質の代表であるブドウ糖は、最終的に二酸化炭素分子（CO_2）と水分子（H_2O）にまで分解されることでエネルギーが取り出されるわけですが、その過程においては20種類以上の酵素たちが流れ作業的に協力し合っています。

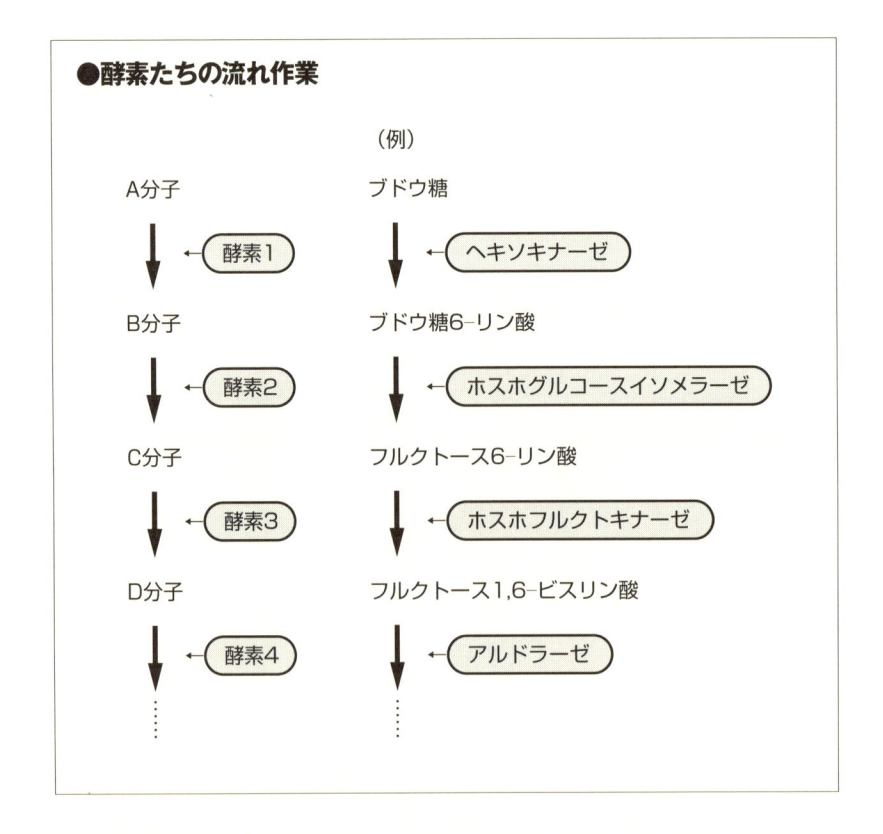

```
●酵素たちの流れ作業
```

（例）

A分子	ブドウ糖
↓ ← 酵素1	↓ ← ヘキソキナーゼ
B分子	ブドウ糖6-リン酸
↓ ← 酵素2	↓ ← ホスホグルコースイソメラーゼ
C分子	フルクトース6-リン酸
↓ ← 酵素3	↓ ← ホスホフルクトキナーゼ
D分子	フルクトース1,6-ビスリン酸
↓ ← 酵素4	↓ ← アルドラーゼ
⋮	⋮

scene 3.4 酵素は適切なタイミングで働く

　酵素たちが、お互いに協力して一連の流れ作業的な化学反応を営むのを見てきました。このような一連の化学反応によって、最終産物分子が細胞内にたまり始めると、最終産物分子は反応の最初に働く酵素に結合して、酵素の活性（働く能力）を低下させます。これをフィードバック阻害といいます。このしくみのおかげで、最終産物は過剰につくられずにすむのです。

　一連の化学反応のはじめの段階の反応を担当し、なおかつその化学反応の最終産物によって活性が阻害される酵素をアロステリック酵素＊といいます。

　アロステリック酵素には2つの部位があります。1つは活性部位で、化学反応を促進させる場所です。もう1つは調節部位（アロステリック部位）と呼ばれる場所で、この場所に最終産物が結合すると、活性部位の形が変わるので、酵素としての活性が低下します。

　その結果、最終産物の濃度が低下して、調節部位から最終産物がはずれるようになると、活性部位の形がもとにもどるので、再び酵素は働き始めることができます（p.42参照）。こうしてアロステリック酵素は最終産物の細胞内の濃度を感じとりながら、働いたり休んだりしているのです。

＊「アロ」とは「別の」という意味、「ステリー」とは「立体的な形の」という意味です。つまり「アロステリック」とは、「2通り以上の立体的な形をとる」という意味です。「アロステリック」のもう1つの意味として、「別の場所の」という意味があります。酵素の活性部位とは「別の場所」に、すなわち調節部位に最終産物が結合することにより、活性が変わる酵素がアロステリック酵素です。

細胞劇場

アロステリック酵素とフィードバック阻害

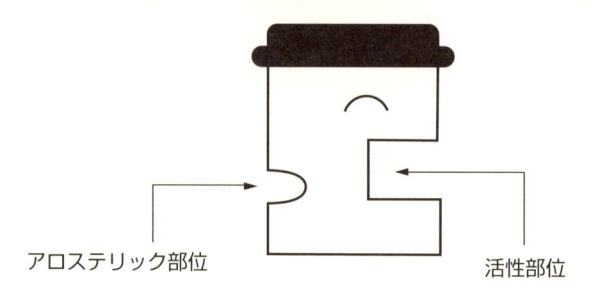

アロステリック部位　　　　　活性部位

▶アロステリック酵素には、機能を発揮するのに重要な場所が2つあります。

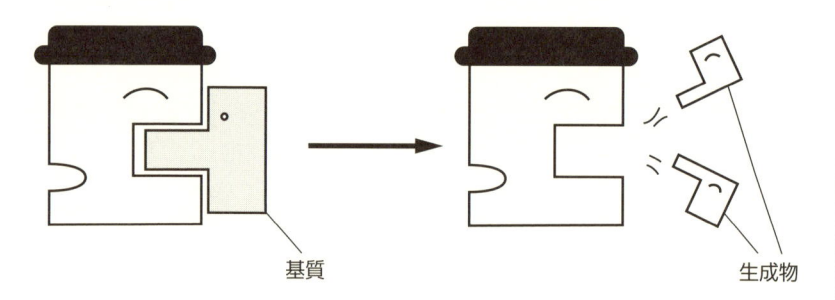

基質　　　　　　　　　　　生成物

▶活性部位には基質が結合し、生成物が生じます。

えいっ！　　わぁん…　　どうしたの？

▶アロステリック部位に特異的に結合する分子が結合すると、活性部位の立体的な形が変わり、基質が活性部位に結合できなくなります。

scene 3.5 タンパク質の"オン"と"オフ"

　アロステリック酵素に最終産物分子が結合すると、その酵素の働く能力（活性）が低下するのを見てきました。このように多くのタンパク質の活性は、ほかの分子の結合によって大きく変わります。

　特に、リン酸分子がタンパク質に結合すると、そのタンパク質の活性が大きく変わることがあります。タンパク質にリン酸を結合させる酵素をキナーゼといいます。逆に、タンパク質からリン酸をはずす酵素をホスファターゼといいます。キナーゼやホスファターゼによって、タンパク質の活性がオンになったりオフになったりする調節方法もあります。

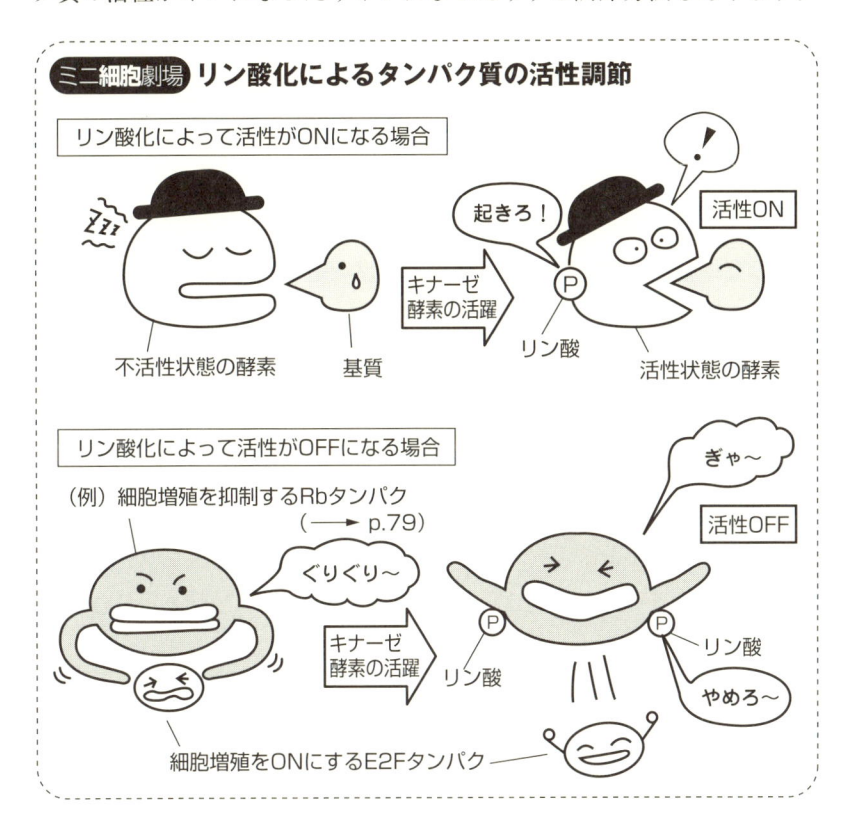

ミニ細胞劇場 リン酸化によるタンパク質の活性調節

リン酸化によって活性がONになる場合

- 不活性状態の酵素
- 基質
- 起きろ！
- キナーゼ酵素の活躍
- リン酸
- 活性ON
- 活性状態の酵素

リン酸化によって活性がOFFになる場合

- （例）細胞増殖を抑制するRbタンパク（→p.79）
- ぐりぐり〜
- キナーゼ酵素の活躍
- リン酸
- ぎゃ〜
- 活性OFF
- リン酸
- やめろ〜
- 細胞増殖をONにするE2Fタンパク

第3幕のまとめ

●酵素（enzyme）は、からだの中で特定の化学反応を驚くべき速さで促進させるタンパク質である（生体触媒）。

●酵素は活性部位（active site）で基質（substrate）とカギとカギ穴のように結合し、化学反応を促進して生成物（product）を生みだす。

●酵素の活性部位は特定の基質とだけ結合する。これを酵素の基質特異性という。

●酵素たちは、お互いに協力して一連の流れ作業的な化学反応を営む。

●一連の化学反応によって、最終産物分子が細胞内にたまり始めると、最終産物分子は反応の最初に働く酵素のアロステリック部位に結合し、酵素の立体構造を変化させて、酵素の活性を低下させる。これをフィードバック阻害という。

●酵素に限らず、多くのタンパク質の活性は、ほかの分子の結合によって大きく変わる。特に、リン酸分子がタンパク質に結合すると、そのタンパク質の活性が大きく変わる場合がある。

第4幕
呼吸の物語

　細胞の中では、多様な分子が機能を担い、働いているのですが、細胞内の多くの反応では、エネルギーを必要とします。このエネルギーは、「細胞呼吸」によってつくり出されています。
　第3幕では酵素タンパクの性質を見ながら、酵素の基本的な働きぶりを見てきました。第4幕では、呼吸という一連の反応の中で、どんな酵素がどのように働いているのか、そのドラマをのぞいてみたいと思います。

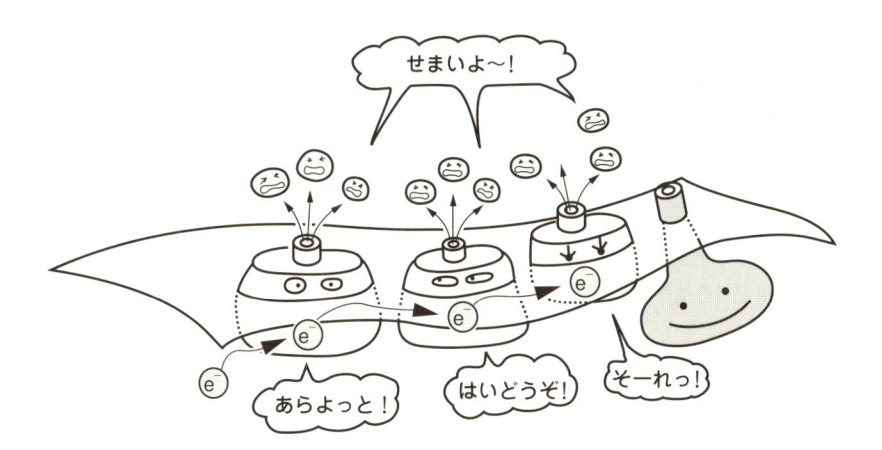

scene 4.1 呼吸の2つの様式

　息をたった30秒止めただけでも苦しくなることからわかるように、酸素を吸って二酸化炭素を吐くという呼吸は、基本的な生命現象の1つです。

　私たちが吸った酸素分子（O_2）は、気管を通って肺に届きます。肺は肺胞と呼ばれる小さな部屋が数億個も集まってできた臓器です。肺胞の表面積を合わせると約60 m^2 にも及ぶといわれているのですが、肺胞の表面は薄い膜でできていて、中には毛細血管が通っています。肺胞に届いた酸素分子は、肺胞表面の毛細血管を流れる赤血球のヘモグロビンタンパクに渡されます。ヘモグロビンタンパクが運ぶ酸素分子は、全身の細胞に届けられます。そして細胞は酸素を取り込み、二酸化炭素を放出します。

　全身の細胞から出てきた二酸化炭素分子（CO_2）は、静脈血中に溶け込み、肺へ向かいます。そして肺胞表面の毛細血管まで来ると、肺胞の中へ飛び出し、吐く息の中に排出されます。このように、からだと外界との間で気体を交換することを「外呼吸」といいます。

　さて、全身の細胞が酸素分子を必要とするのは、ブドウ糖などの栄養物質を分解して、生命活動を行うためのエネルギーを取り出すためです。そのときに二酸化炭素が放出されます。細胞が栄養物質を分解してエネルギーを取り出す過程を「細胞呼吸（内呼吸）」＊といいます。細胞呼吸には酸素分子を必要とする好気呼吸と必要としない嫌気呼吸とがあります。

＊　細胞呼吸（内呼吸）　　外呼吸によって取り入れられた酸素が体内の細胞に運ばれて、消費されるので、この細胞呼吸を、外呼吸に対して内呼吸と呼ぶこともあります。

細胞劇場

呼吸の2つの様式

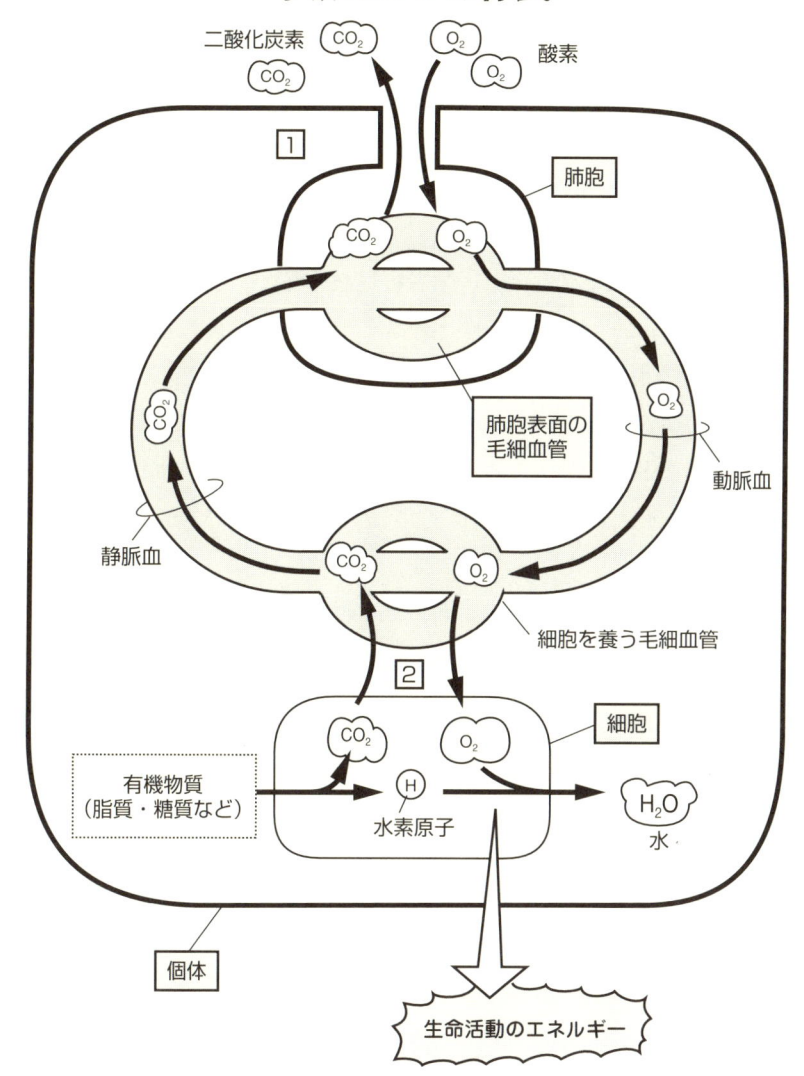

二酸化炭素 CO_2　O_2 酸素

1 肺胞

CO_2　O_2

肺胞表面の毛細血管

静脈血　動脈血

CO_2　O_2

細胞を養う毛細血管

2 細胞

有機物質
（脂質・糖質など）
→ CO_2　(H) 水素原子　O_2 → H_2O 水

個体

生命活動のエネルギー

1 からだの内と外で酸素と二酸化炭素を交換することを外呼吸といいます。
2 細胞が糖質や脂質などの有機物を分解して生命活動のエネルギーを取り出すことを細胞呼吸（内呼吸）といいます。このときに酸素を使う場合を好気呼吸といい、酸素を使わない場合を嫌気呼吸といいます。

scene 4.2 充電式の電池のようなATP

　ブドウ糖などの栄養物質を分解することによって得られたエネルギーは、いったんATP（アデノシン5'三リン酸）という分子にたくわえられます。ATPは、ADP（アデノシン5'二リン酸）という分子にリン酸が1つ付け加えられてできる分子なのですが、この結合には外からのエネルギーの注入を必要とし、栄養物質を分解したときに放出されるエネルギーが、この結合に使われます。そして、必要に応じてATPはADPに分解され、そのときにエネルギーが放出されます。

　こうしてATPから放出されるエネルギーは、体温を上げたり、筋肉を動かしたり、複雑な分子を組み立てたり、といった生命活動に利用されます。ADPを空になった充電式電池とすれば、ATPは満タンになった充電式電池のようなものといえます。満タンになった充電式電池から供給されるエネルギーによって、明かりをともすことや機械を動かすことができるように、ATPから放出されるエネルギーによって、生命活動が営まれるのです。このためATPはエネルギーの通貨といわれています。

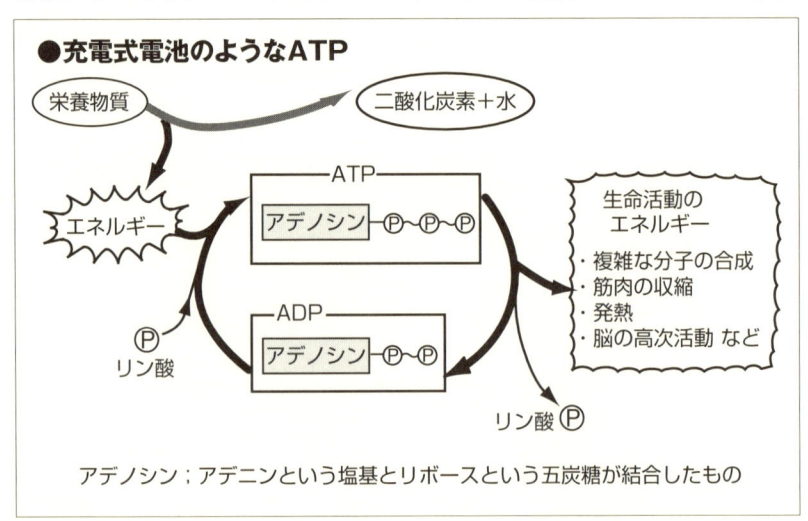

●充電式電池のようなATP

栄養物質 → 二酸化炭素＋水

エネルギー

ATP　アデノシン－Ⓟ～Ⓟ～Ⓟ

ADP　アデノシン－Ⓟ～Ⓟ

Ⓟ リン酸

リン酸 Ⓟ

生命活動の
エネルギー
・複雑な分子の合成
・筋肉の収縮
・発熱
・脳の高次活動　など

アデノシン：アデニンという塩基とリボースという五炭糖が結合したもの

scene 4.3 細胞呼吸の3つのステージ

さて、細胞呼吸の過程を詳しく見ていきましょう。それは解糖系、クエン酸回路、電子伝達系の3つの段階に大きく分けることができます。

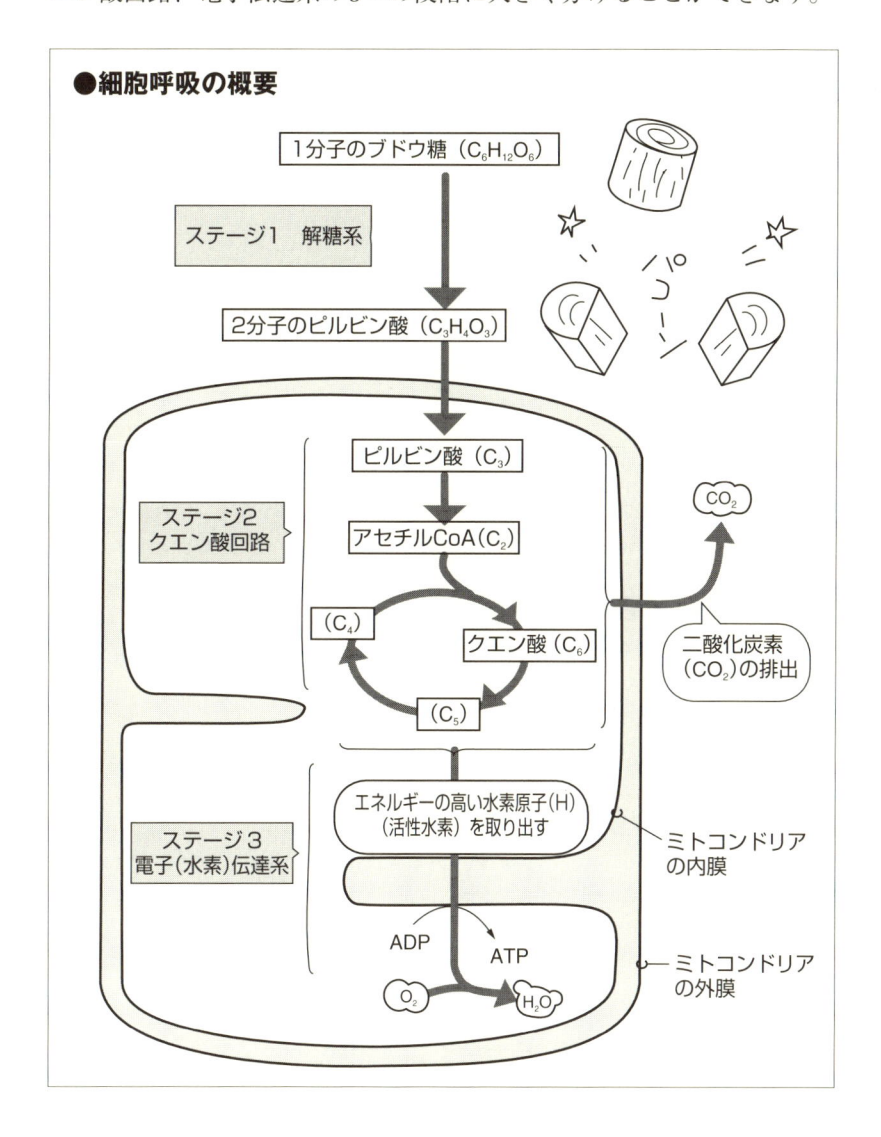

●細胞呼吸の概要

1分子のブドウ糖 ($C_6H_{12}O_6$)

ステージ1 解糖系

2分子のピルビン酸 ($C_3H_4O_3$)

ピルビン酸 (C_3)

ステージ2 クエン酸回路

アセチルCoA (C_2)

(C_4) クエン酸 (C_6) (C_5)

二酸化炭素 (CO_2) の排出

エネルギーの高い水素原子(H)(活性水素)を取り出す

ステージ3 電子(水素)伝達系

ADP → ATP
O_2 → H_2O

ミトコンドリアの内膜
ミトコンドリアの外膜

scene 4.4 "薪割り"のような解糖系

栄養物質の代表であるブドウ糖を分解してエネルギーを得る反応の第1ステージは、解糖系と呼ばれる段階です。それは、1個のブドウ糖分子（$C_6H_{12}O_6$；1分子中に炭素原子6個）を、2個のピルビン酸分子（$C_3H_4O_3$；1分子中に炭素原子3個）にまで分解する一連の化学反応で、"薪割り"のような化学反応といえます。解糖は、細胞質ゾル*にある10種類もの酵素たちによって営まれる10段階の化学反応です。それを1行の化学反応式でまとめれば、次のようになります。

●解糖系（細胞質ゾルで）

$$C_6H_{12}O_6 \rightarrow 2C_3H_4O_3 + 4H \ (+2ATP)$$

この化学反応によって、ブドウ糖からエネルギーが取り出されて、ブドウ糖1分子あたり2個のATPがつくられます。化学式からもわかるように、解糖系の過程においては酸素分子を必要としません。

*細胞質ゾル　細胞膜に包まれた細胞の内容物のうち、核やミトコンドリアなどの膜で包まれた細胞小器官を除いた区画。

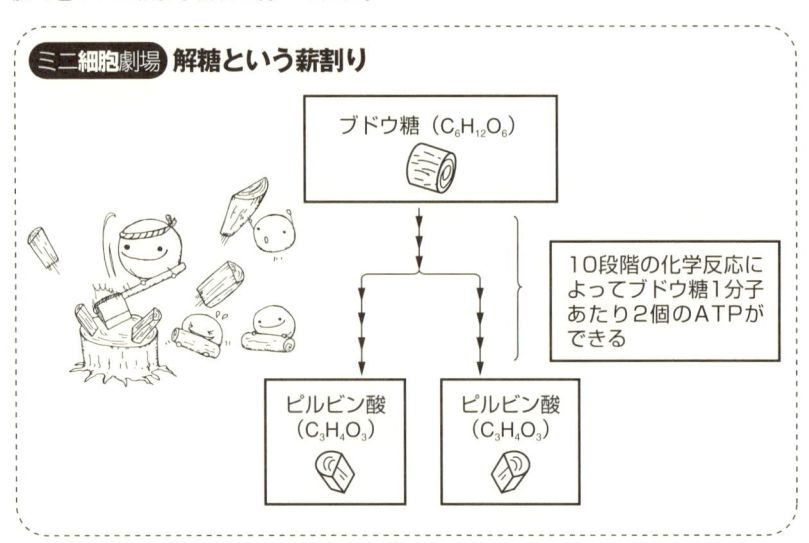

ミニ細胞劇場 解糖という薪割り

ブドウ糖（$C_6H_{12}O_6$）
↓
ピルビン酸（$C_3H_4O_3$）　ピルビン酸（$C_3H_4O_3$）

10段階の化学反応によってブドウ糖1分子あたり2個のATPができる

scene 4.5 解体作業のようなクエン酸回路

　解糖によって生じたピルビン酸（$C_3H_4O_3$）は、ミトコンドリアという二重の膜でできた細胞小器官へと運び込まれます。ここが、ステージ2のクエン酸回路の舞台です。クエン酸回路では、ピルビン酸は水素原子を抜き取る脱水素酵素と、二酸化炭素を抜き取る脱炭酸酵素などによる共同作業によって、二酸化炭素（CO_2）と水素原子（H）に分解されます。

●クエン酸回路（ミトコンドリアの中で）

$$2\,C_3H_4O_3 + 6\,H_2O \rightarrow 6\,CO_2 + 20\,H\ (+2\,ATP)$$

　こうしてできた二酸化炭素は細胞の外へ出て、血液によって運ばれて肺に届き、私たちが吐く息の中に排出されます。私たちがふだん何気なく吐き出している二酸化炭素は、クエン酸回路によってできた分子なのです。

　一方、ピルビン酸から抜き取られた水素原子は、その後、ミトコンドリアの内側の膜（内膜）にある電子伝達系タンパク群によって処理されて、最終的に酸素分子と反応して水分子になります（p.53参照）。

　クエン酸回路の過程は、酸素分子を消費する反応ではないのですが、酸素がない状況では、クエン酸回路で生じたたくさんの水素原子を、その後の段階の電子伝達系で処理できなくなるので、クエン酸回路の反応も停止してしまいます。

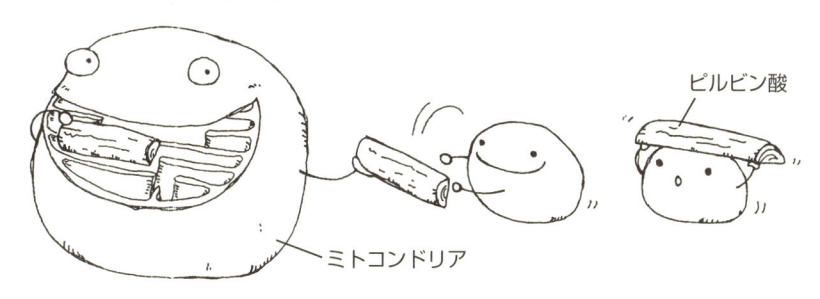

もっとくわしく　クエン酸回路の概要

　ミトコンドリアに運び込まれたピルビン酸は、ピルビン酸脱水素酵素複合体によって脱水素反応と脱炭酸反応を受けて、アセチルCoA（acetyl-coenzyme A、アセチル補酵素A）という分子になります。

　アセチルCoAは、オキサロ酢酸という分子と水分子にアセチル基を結合させて、クエン酸という分子をつくります。この反応を仲介してくれるのはクエン酸合成酵素です。クエン酸は、複数の酵素によって脱水素反応と脱炭酸反応を受けてオキサロ酢酸になり、再びクエン酸合成の流れにのります。

　クエン酸回路によってピルビン酸から抜き取られた水素原子は、NAD$^+$（ニコチンアミド・アデニン・ジヌクレオチド）やFAD（フラビン・アデニン・ジヌクレオチド）という運搬分子に運ばれて、NADHやFADH$_2$となって電子伝達系タンパク群に手渡されます。

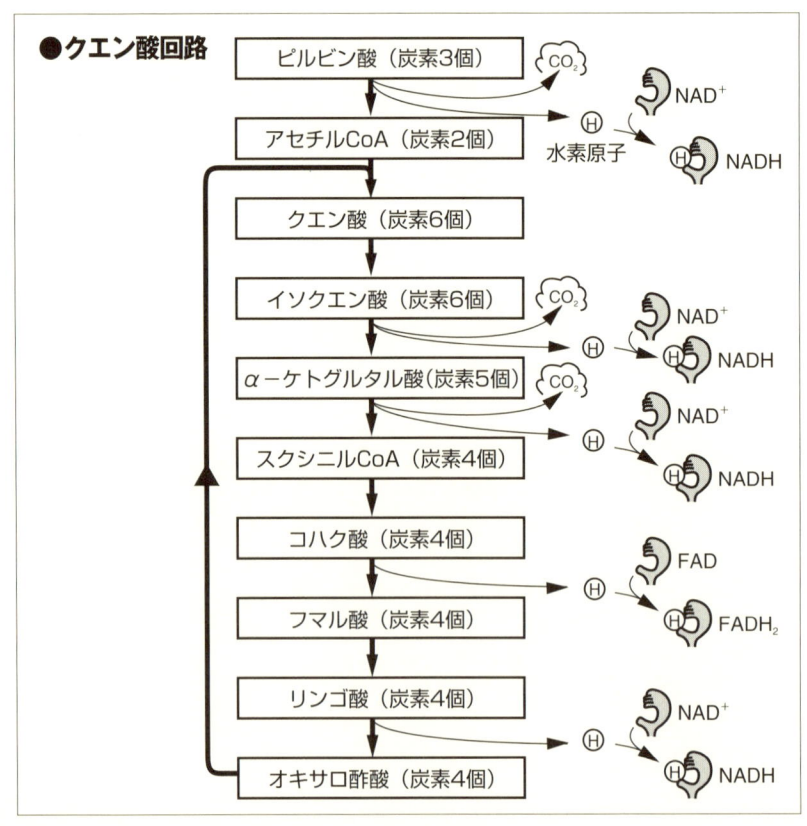

●クエン酸回路

ピルビン酸（炭素3個） → CO_2 + 水素原子（NAD$^+$ → NADH）
↓
アセチルCoA（炭素2個）
↓
クエン酸（炭素6個）
↓
イソクエン酸（炭素6個） → CO_2 + 水素原子（NAD$^+$ → NADH）
↓
α-ケトグルタル酸（炭素5個） → CO_2 + 水素原子（NAD$^+$ → NADH）
↓
スクシニルCoA（炭素4個）
↓
コハク酸（炭素4個）
↓ → 水素原子（FAD → FADH$_2$）
フマル酸（炭素4個）
↓
リンゴ酸（炭素4個）
↓ → 水素原子（NAD$^+$ → NADH）
オキサロ酢酸（炭素4個）
↑（クエン酸へ戻る）

scene 4.6 電子伝達劇場

　第3ステージはミトコンドリアの内膜が舞台となります。解糖系とクエン酸回路によって、ブドウ糖から取り出された水素原子（H）は、さらに電子（e^-）が抜き取られて水素イオン（H^+）になります。

　水素原子から分離した電子は、ミトコンドリアの内側の膜に埋め込まれている電子伝達系タンパク群によって、バケツリレーやバレーボールのトスのように次々に受け渡されながら運ばれていき、最終的に酸素分子に渡されて、O^{2-}となり、そして水素イオンと反応して水になります。この反応を電子伝達系といいます。

　一方、電子が膜上を次々と運ばれていくときに電子が放出するエネルギーによって、ミトコンドリアの中（マトリックスと呼ばれる部分）の水素イオンが、二重膜の膜間にどんどんとくみ出されていきます。水素イオンはプラスの電荷を帯びた粒子ですから、狭い空間にいっぱいになると、お互いに反発しあって窮屈でしかたがありません。そこで、ある出口から広々としたミトコンドリアの中に逃げ出します。その出口とは、ミトコンドリアの内膜に埋め込まれているATP合成酵素というタンパク質です。

　ATP合成酵素はドアのノブのような形をした分子で、実際に回転することができます。内膜と外膜の間でいっぱいになった水素イオンがATP合成酵素を通過するとき、ATP合成酵素は回転しながらATPをつくります。それはまるで、滝の水が落ちるときに水車を回して仕事をする場面、あるいはダムの水が落ちるときにタービンを回して発電する場面にそっくりなので、ATP合成酵素はよく"分子タービン"にたとえられています。

●電子伝達系（ミトコンドリアの内膜で）

$24H + 6O_2 \rightarrow 12H_2O$ （＋最大34 ATP）

($24H \rightarrow 24H^+ + 24e^-$, $24H^+ + 24e^- + 6O_2 \rightarrow 12H_2O$)

細胞劇場

電子伝達劇場

①

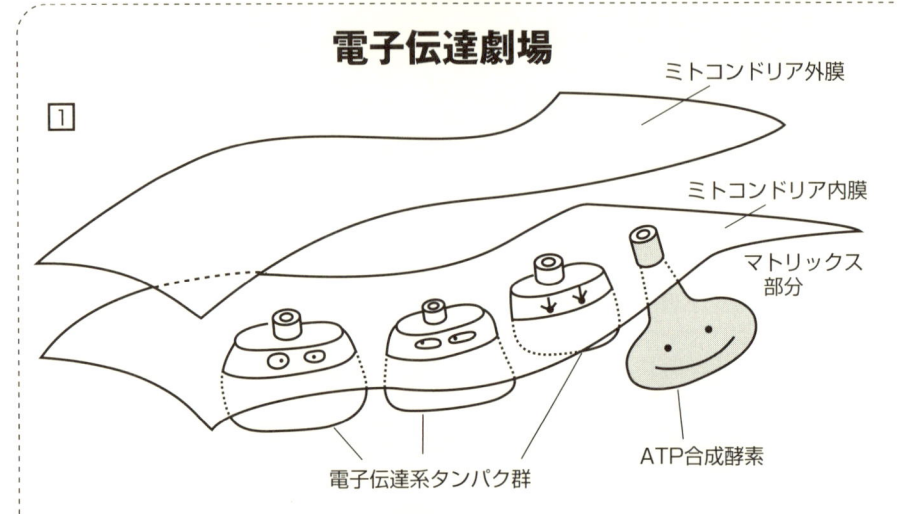

- ミトコンドリア外膜
- ミトコンドリア内膜
- マトリックス部分
- ATP合成酵素
- 電子伝達系タンパク群

ミトコンドリアは外膜と内膜という二重の膜でできた細胞小器官です。
ミトコンドリアの内膜には、電子伝達系タンパク群やATP合成酵素が埋め込まれています。細胞膜や、ミトコンドリアなどの細胞小器官の膜はおもにリン脂質と膜タンパクで構成されているのですが、ミトコンドリアの内膜の表面積の8割はこれらのタンパク質が占めています。

②

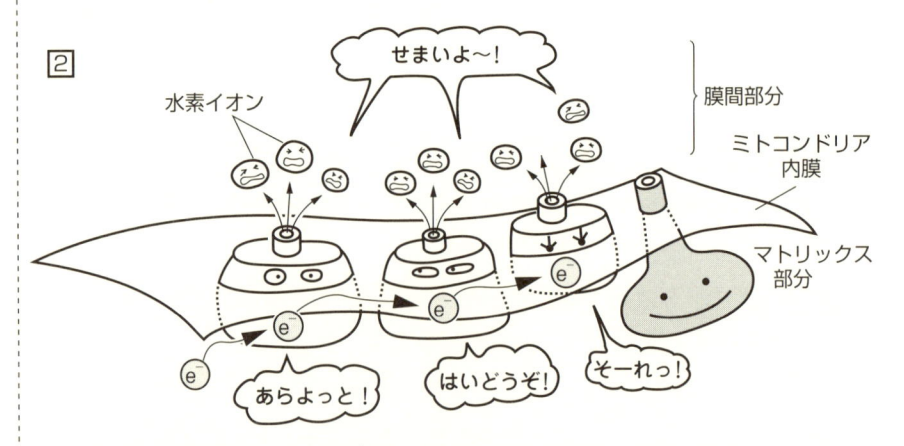

- せまいよ〜!
- 水素イオン
- 膜間部分
- ミトコンドリア内膜
- マトリックス部分
- あらよっと!
- はいどうぞ!
- そーれっ!

クエン酸回路によってブドウ糖などの栄養物質から抜き取られた水素原子は、さらに電子と水素イオンになります（$H \rightarrow H^+ + e^-$）。
電子は電子伝達系タンパク群の間を、まるでバレーボールのトスの要領で伝達されていきます。
このとき、電子が放出するエネルギーで、水素イオンはミトコンドリアのマトリックス部分から膜間部分にどんどんと運び込まれます。

3

あっ！出口だ！！

ミトコンドリア内膜

マトリックス
部分

ADP＋リン酸

ATP

H₂O

O₂

水素イオン

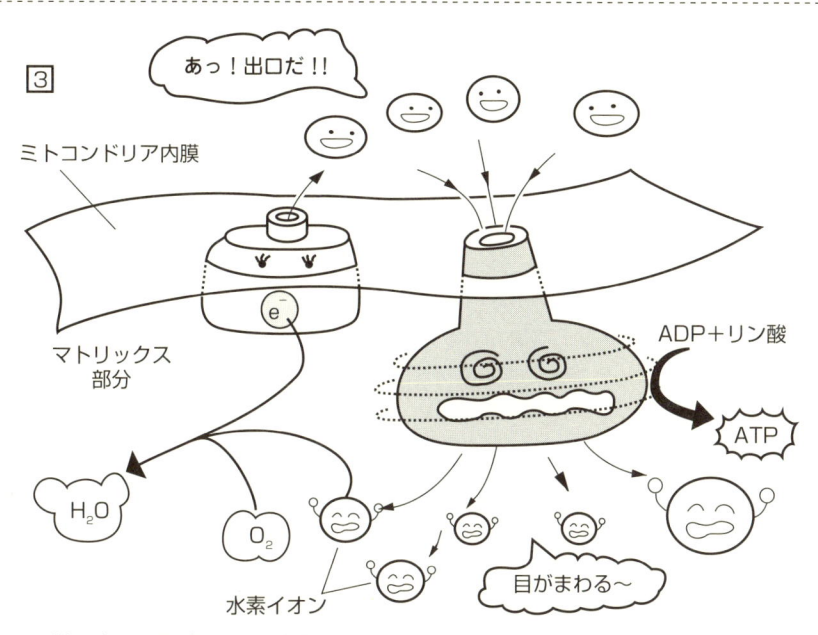

目がまわる〜

　狭い空間に運び込まれた水素イオンは、ATP合成酵素という出口を見つけると、ミトコンドリアの中（マトリックス部分）に流れ落ちます。この時に、ATP合成酵素は水車のように回転してATPを合成します。

　＊　猛毒として知られる青酸カリは、電子伝達系の最終過程での、酸素と電子と水素イオンが結合するときに働く「シトクロムオキシターゼ」酵素を阻害します。

●電子伝達系のまとめの図

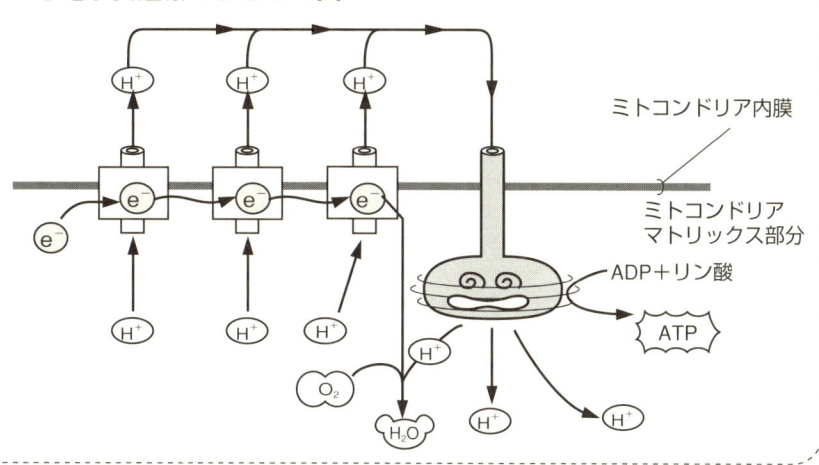

ミトコンドリア内膜

ミトコンドリア
マトリックス部分

ADP＋リン酸

ATP

第4幕 呼吸の物語

Tea Room ☕
[ティールーム]

分子の回転による生命活動

　ATP合成酵素が回転することによってATPがつくられるということは、1997年に日本の野地博行博士のグループによって報告されました（Nature 1997；386：299.）。それは、分子の物理的な運動と化学的な酵素活性との関係を直接示す興味深い発見です。

　ところで、狭い膜間の中にくみ出された水素イオンが「外に出たい！」と流れるときに回転する物質は、ミトコンドリアのATP合成酵素だけではありません。

　鞭毛という毛を持つ細菌は、細胞膜の外側にも膜を持っていて、二重の膜構造になっています。彼らは水素イオンを二重の膜の間にくみ出して、いっぱいにし、それが濃度勾配にしたがって細胞の中にドーッと流れるときのエネルギーで、鞭毛を回転させて泳ぎまわるのです。

　私たちが生命活動のエネルギー源であるATPをつくるのも、あるいは細菌が泳ぐのも、その背景には分子の回転があるわけです。

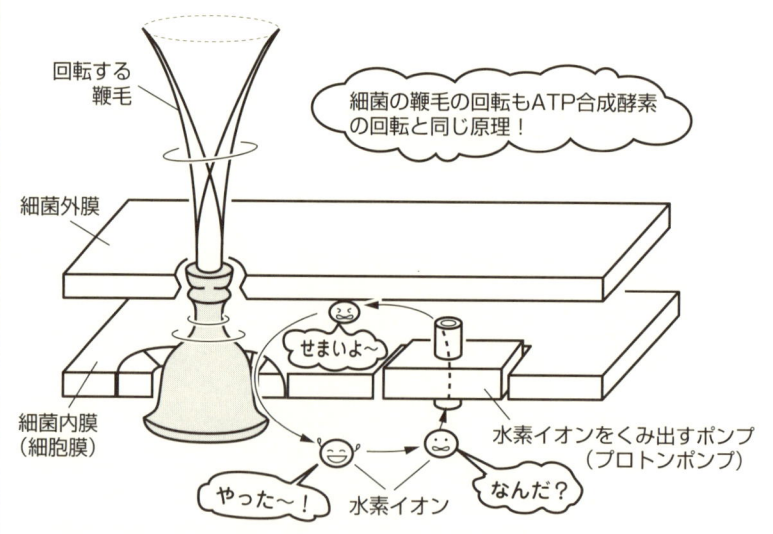

（Essential　細胞生物学　Bruce Alberts et al.、中村桂子 他 監訳、p.420、南江堂、1999年より改変引用）

第4幕のまとめ

●呼吸の分類
（1）外呼吸：外界の酸素分子を体内に取り入れ、体内から発生した二酸化炭素分子を外界に排出する過程。
（2）細胞呼吸（内呼吸）：細胞が栄養物質を分解してエネルギーをATPの形として取り出す過程。好気呼吸と嫌気呼吸とがある。

●細胞呼吸（内呼吸）の過程
（1）解糖系（2）クエン酸回路（3）電子伝達系

	解糖系	クエン酸回路	電子伝達系
場所	細胞質ゾル	ミトコンドリアの中（マトリックス部分）	ミトコンドリアの内膜
タンパク質	脱水素酵素など	脱水素酵素、脱炭酸酵素など	電子伝達タンパク群、ATP合成酵素
化学反応式	$C_6H_{12}O_6 \rightarrow 2C_3H_4O_3 + 4H$	$2C_3H_4O_3 + 6H_2O \rightarrow 6CO_2 + 20H$	$24H + 6O_2 \rightarrow 12H_2O$
産生させるATPの量	2 ATP	2 ATP	34 ATP*
酸素分子を必要とするか	必要としない	必要としないが、酸素がないと電子伝達系が止まるのでクエン酸回路も止まる	必要とする

＊1つのNADH分子が供給するエネルギーによって3つのATP分子がつくられ、1つのFADH$_2$分子が供給するエネルギーによって2つのATP分子がつくられるとしたときの理論的な最大値。実際には34個よりも少ない。

第4幕　呼吸の物語

Tea Room ☕
[ティールーム]

ホタルの光はどこから来る？

　「火垂る」とも「星垂る」ともかかれる虫たちの光は、西洋の人たちにとっては明けの明星に見えたのでしょうか。ホタルの細胞の中にある発光物質は、明けの明星"Lucifer"にちなんでか、"luciferin（ルシフェリン）"と呼ばれています。この発光物質は、"luciferase（ルシフェラーゼ）"という酵素の力を借りて、ATP（満タンの電池）をADP（空の電池）にするときに放出されるエネルギーを光に変えるのです。

　呼吸のドラマで見てきたように、ATPは栄養物質を分解する過程でつくられます。ホタルたちは、澄んだ川に住む貝を食べて、栄養物質をとります。その貝は、川の中の植物から栄養物質をとります。そして、その栄養物質は、植物が太陽の光エネルギーを使って二酸化炭素と水からつくってくれたものです。つまりホタルの光は、太陽の光が巡り巡ってよみがえった光ともいえるでしょう。

第5幕
情報伝達の物語

　酵素の働きを中心に、細胞の中で、それぞれ専門の「役割」を担ったタンパク質たちが、協力関係や上下関係などの相互関係を結びながら働いているのを見てきました。
　今度は視点を細胞の外に向けてみましょう。およそ37兆個の細胞でできていると見積もられる私たちのからだは、細胞がつくりあげる国家のようなものです。そこでは、それぞれ専門の「役割」を担った細胞たちがお互いに協力し合ったり、競争したり、上下関係を結んだりしながら、ダイナミックなドラマをくり広げているのです。
　細胞どうしは、情報伝達物質という分子を介して、まるで会話をしているかのように相互関係を結んでいるのですが、ここではまず細胞どうしが、どのような分子を使ってどのように情報をやりとりしているのかをお話しします。次に、情報伝達物質を受け取った細胞の中では、何が起こっているのかをのぞいてみることにしましょう。

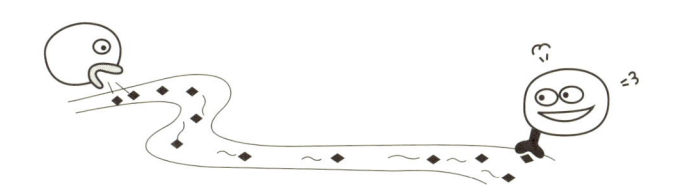

scene 5.1 細胞が情報を交換し合う方法

細胞と細胞がお互いに情報を交換する方法として、動物細胞の場合は少なくとも3つの方法が知られています。それは、①情報伝達物質とその受容体（情報を受け取る専門の分子）を介する方法、②細胞表面の分子どうしの結合による方法、③ギャップ結合という穴を介する方法、の3つです。

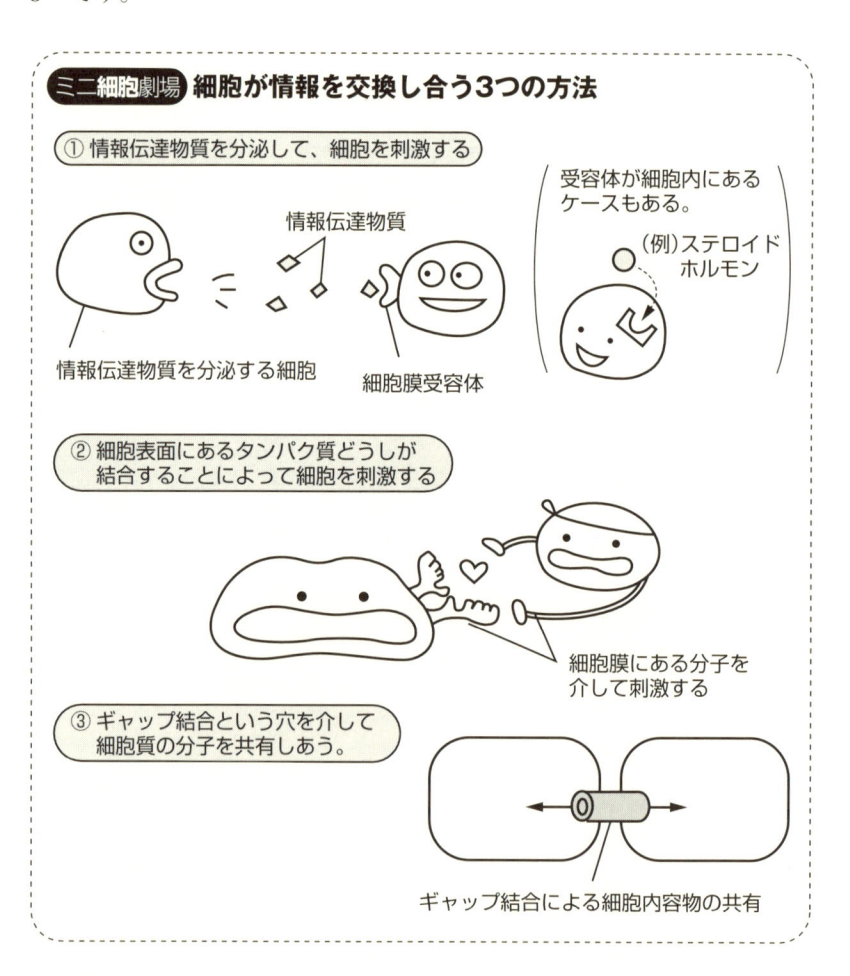

ミニ細胞劇場　細胞が情報を交換し合う3つの方法

① 情報伝達物質を分泌して、細胞を刺激する

情報伝達物質
情報伝達物質を分泌する細胞
細胞膜受容体

受容体が細胞内にあるケースもある。
（例）ステロイドホルモン

② 細胞表面にあるタンパク質どうしが結合することによって細胞を刺激する

細胞膜にある分子を介して刺激する

③ ギャップ結合という穴を介して細胞質の分子を共有しあう。

ギャップ結合による細胞内容物の共有

scene 5.2 3種類の情報伝達物質

　本書では、細胞どうしの情報のやりとりの方法として情報伝達物質とその受容体を介した方法を中心に見ていきたいと思います。細胞の受容体に特異的に結合する情報伝達物質には、おもに3つの種類があります。

●**ホルモン**　　内分泌細胞と呼ばれる特定の細胞によって合成・分泌されます。ホルモンは血流に乗って全身をめぐり、そのホルモンと結合できる受容体を持った特定の細胞に作用します。内分泌細胞が集まってできた臓器を内分泌腺といい、脳下垂体や甲状腺、副腎や卵巣・精巣などがあります。

●**神経伝達物質**　　神経細胞という特殊な細胞が放出する物質です。神経細胞は、軸索(じくさく)と呼ばれる突起を伸ばして刺激する相手の細胞に接近しています。軸索の先には相手の細胞との間でシナプスと呼ばれる特殊な構造ができています。シナプスにおいては、神経細胞と相手の細胞との間の距離は1mm(ミリメートル)の1万分の1もありません（20〜50 nm、1 nmは10^{-9}m(メートル)）。ヒトの軸索は、秒速100 mもの速さで電気的な信号を伝えることができます。電気的な信号が軸索の先まで届くと、軸索の末端から神経伝達物質が放出されて、シナプスを介して相手の細胞を刺激します。

　先ほど出てきたホルモンは血流に乗って遠距離の、特定の受容体を持った細胞を刺激するので、ホルモンが分泌されてから受容体に結合するまでには数秒以上かかります。一方、神経伝達物質はシナプスというきわめて狭い空間において作用するので、分泌されてから受容体に結合するまでに1000分の1秒もかからないのです。

●**局所的化学伝達物質**　　白血球が出すサイトカインやプロスタグランジンなどがあります。これらはすぐに分解されたり細胞の中に取り込まれるので、通常1mm以内の距離にある細胞にしか作用しません。サイトカインやプロスタグランジンについては、第6幕で詳しくお話しします。

第5幕　情報伝達の物語

細胞劇場

3種類の情報伝達物質

ホルモン

内分泌細胞 — ホルモン — 血流 — 受容体
数cm〜1m単位

（注）細胞内に受容体があるケースもある（たとえばステロイドホルモン）。

神経伝達物質

電気信号の流れ　神経伝達物質　受容体
樹状突起　細胞体　軸索
神経細胞（ニューロン）　シナプス 20〜50nm　神経細胞（ニューロン）

局所的化学伝達物質

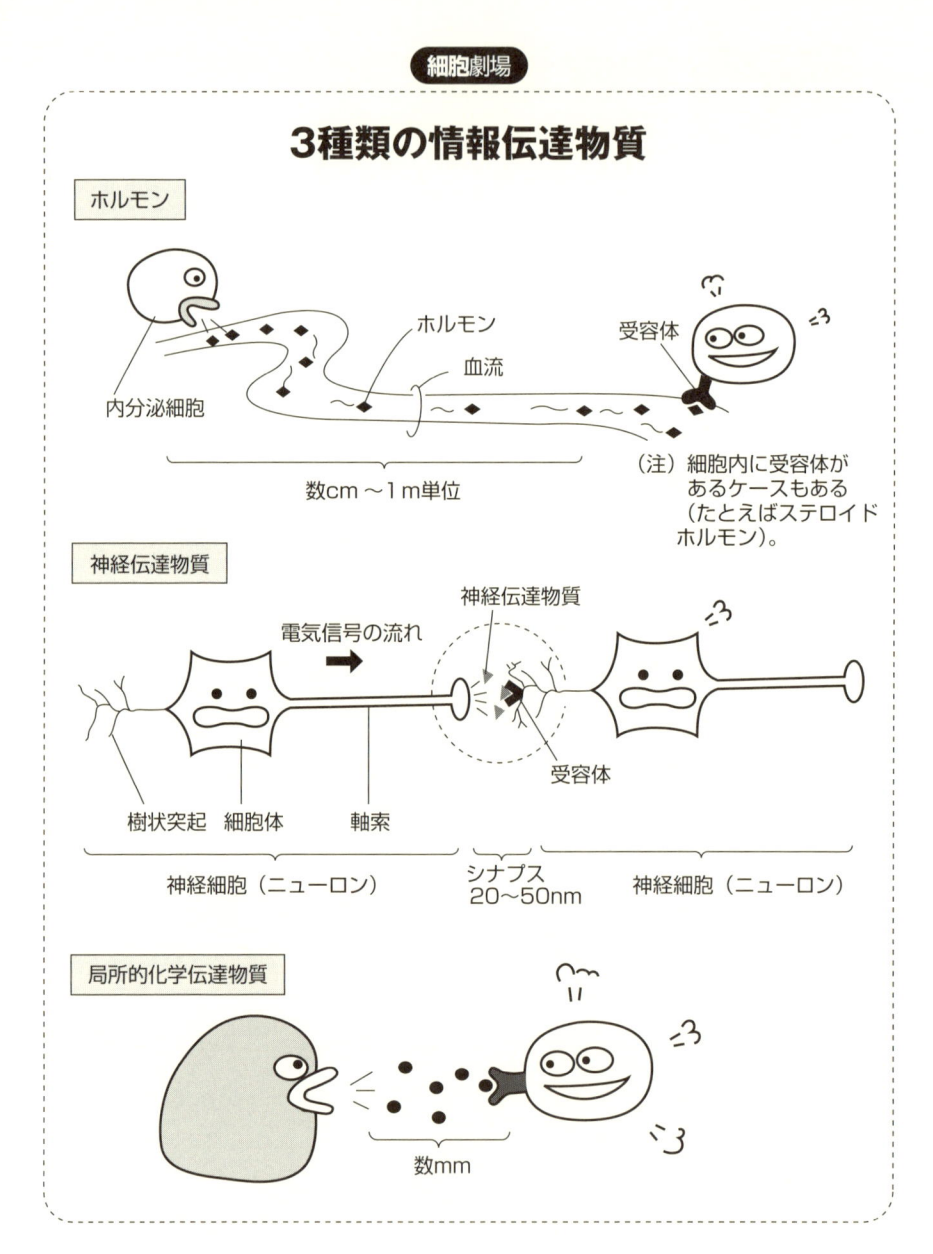

数mm

（注）リガンドについて　あるタンパク質に特異的に結合する分子のことをいいます。酵素と特異的に結合する基質もリガンドです。また、受容体に特異的に結合するホルモンや神経伝達物質もリガンドです。

scene 5.3 細胞はテレビに似ている

　細胞は、ホルモンやサイトカインなどの情報伝達物質を受容体というタンパク質で受けとめると、その情報を細胞の中で処理して、最終的になんらかの反応をします。ちょうどテレビが電波をアンテナで受けとめ、情報を処理して音声や画像という結果を生みだすように、細胞は受容体タンパクで受け取った情報を処理して、分裂するか、分化するか、収縮するか、細胞死を起こすか……といった反応をするのです。

　情報伝達物質と受容体タンパクとの間にはカギとカギ穴の関係、すなわち特異的な関係が成り立っています。これは第3幕で見た、酵素と基質の関係と同じです。たとえば、インスリンというホルモンと結合する受容体は、ほかのホルモンやサイトカインと結合することはできません。

　受容体タンパクが情報伝達物質を受けとめると、立体的な形が変わって活性状態となり、細胞内に情報を伝えます。この過程を細胞内情報伝達といいます。

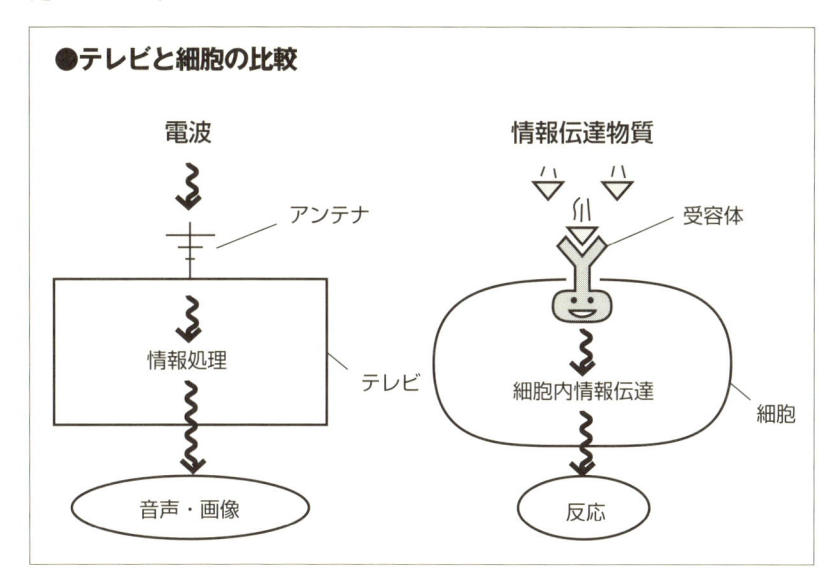

●テレビと細胞の比較

scene 5.4 細胞内情報伝達のドラマ

　それでは細胞内に情報が伝わっていく様子を具体的に見ていきましょう。私たちが精神的に興奮すると、交感神経という細胞が神経伝達物質であるノルアドレナリンを放出します。ノルアドレナリンが、心臓の筋肉細胞（心筋細胞といいます）の表面にある受容体に結合すると、受容体はその立体的な形を変えて活性状態になります。

　ノルアドレナリンと結合して活性状態になった受容体は、Gsタンパクという分子の立体的な形を変えて活性化します。すると、Gsタンパクはアデニル酸シクラーゼというタンパク質を活性化します。

　ノルアドレナリンの受容体を会社の"社長"にたとえれば、Gsタンパクは"部長"のようなタンパク質で、アデニル酸シクラーゼは"課長"のようなタンパク質といえます。社長が部長に指令を下し、さらに部長が課長に指令を下すように、細胞の中で情報を伝達するタンパク質たちは上下の関係を結んでいるのです。

　さて、このようにして活性状態となったアデニル酸シクラーゼは、サイクリックAMPという小さな分子をたくさん生みだします。サイクリックAMPは、伝令者として細胞の中を拡散し、種々のタンパク質を活性化します。このようなドミノ倒しのような反応の結果、心筋細胞の伸縮のスピードが早まります。興奮すると心臓がドキドキするのはそのためです。

　サイクリックAMPのように、細胞内に拡散して種々のタンパク質を活性化する分子をセカンドメッセンジャー（2番目の伝令者）といいます。これに対して、ファーストメッセンジャー（1番目の伝令者）とは、細胞外から来る情報伝達物質のことを指します。

細胞劇場

細胞内情報伝達

1

ノルアドレナリンの受容体　Gsタンパク　アデニル酸シクラーゼ　細胞膜

細胞外から情報伝達物質が来ないときは、受容体タンパクも細胞内情報伝達系タンパク（この場合Gsタンパクやアデニル酸シクラーゼ）は不活性状態です。

2

ノルアドレナリン　がぶっ！　Gs　わぁ！

細胞外から神経伝達物質ノルアドレナリンが来ると、ノルアドレナリンの受容体が活性状態となり、Gsタンパクを活性化します。

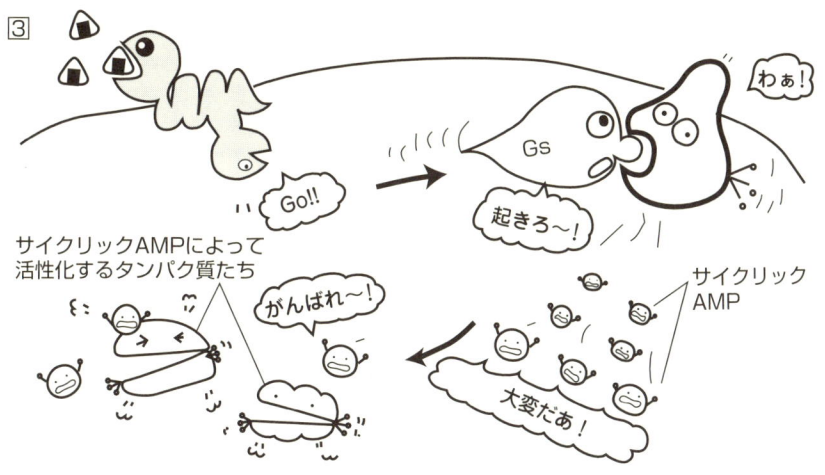

3

Go!!　Gs　起きろ～！　わぁ！

サイクリックAMPによって活性化するタンパク質たち　がんばれ～！　サイクリックAMP　大変だあ！

活性状態となったGsタンパクは、アデニル酸シクラーゼを活性化し、サイクリックAMPをたくさんつくらせます。サイクリックAMPは、細胞内に拡散し、種々のタンパク質を活性化します。

scene 5.5 細胞死を実行する情報伝達

細胞死の筋書き(プログラム)

　細胞は、受容体タンパクで情報伝達物質を受けとめると、さまざまなタンパク質を活性化して、分裂するか、分化するか、収縮するか、細胞死を起こすか……といった反応をするという話をしました。

　特に、細胞が情報伝達物質を受けとめると細胞死を起こすという現象は、逆説的なことに、重要な生命活動の一つなのです。

　たとえば、私たちの手ができるときには、はじめは丸い肉のかたまりの中に指の骨がつくられますが、やがて指の骨の間の細胞が細胞死を起こすことで5本の指が完成します。あるいは、私たちの脳ができるときには、まず脳細胞が過剰につくられます。そして脳細胞たちは突起を伸ばしながらお互い連絡を取り合おうとしますが、うまく連絡を取れなかった脳細胞が細胞死を起こすことで正常な脳ができあがります。

　このような細胞死は、酸欠や毒素による細胞死（壊死；ネクローシス）と区別してアポトーシス（apoptosis）と呼ばれています。それは、細胞死を引き起こす信号分子[*1]をその受容体[*2]で受けとめた細胞が細胞内のタンパク質たち[*3]を順序正しく活性化していくことで実行される細胞死で、「プログラムされた細胞死」とも呼ばれています。

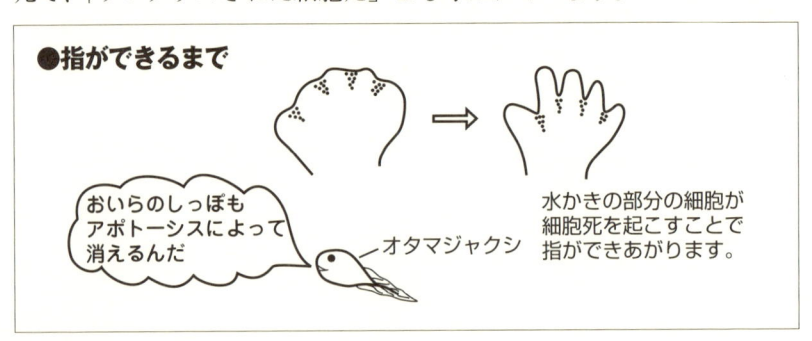

●指ができるまで

おいらのしっぽもアポトーシスによって消えるんだ

オタマジャクシ

水かきの部分の細胞が細胞死を起こすことで指ができあがります。

行動を選択する細胞

　細胞死を引き起こす信号分子がその受容体に結合すると、細胞死のプログラムが発動する、というのが1990年代に明らかにされたストーリーでした。しかし、実は話は単純ではありません。

　たとえ細胞死を引き起こす信号分子がその受容体に結合したとしても、同じ細胞上で、細胞を生き残らせようとする信号分子がその受容体に結合していたらとしたら、細胞死はすぐには実行されません。

　さらに複雑なことには、同じ信号伝達物質がその受容体に結合しても、まったく正反対の反応が起こることがあります。たとえばTNF（腫瘍壊死因子）-αというタンパク質は、その受容体にはたらきかけると細胞死を実行するタンパク質[*3]を活性化するだけではなく、細胞を生き残らせようとするタンパク質[*4]をも活性化することもあります。

　さきほど細胞はテレビに似ている、という話をしましたが（scene 5.3 p.63）、実際には細胞はテレビのような単純な機械ではなく、細胞の外や中の状況に応じて行動を選択するのです。

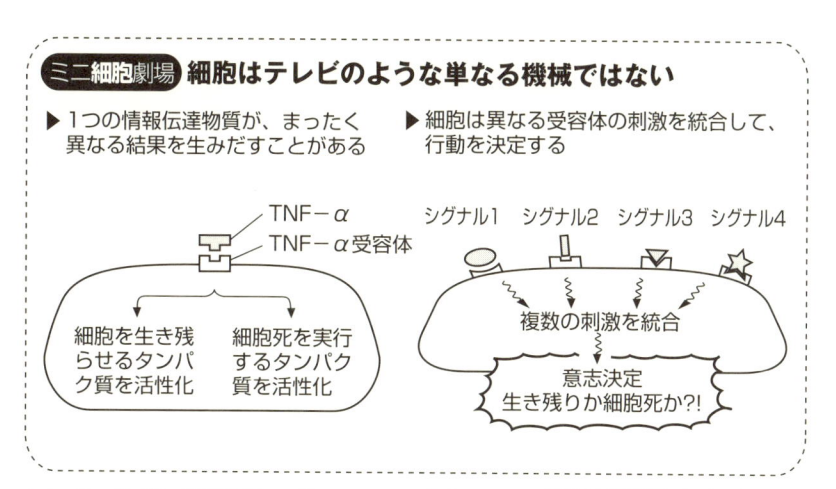

ミニ細胞劇場 細胞はテレビのような単なる機械ではない

▶ 1つの情報伝達物質が、まったく異なる結果を生みだすことがある

▶ 細胞は異なる受容体の刺激を統合して、行動を決定する

TNF-α / TNF-α受容体
→ 細胞を生き残らせるタンパク質を活性化 / 細胞死を実行するタンパク質を活性化

シグナル1　シグナル2　シグナル3　シグナル4
→ 複数の刺激を統合
→ 意志決定　生き残りか細胞死か?!

---

*1　FasリガンドやTNF-α（tumor necrosis factor α；腫瘍壊死因子α）など
*2　FasやTNF-α受容体など　　*3　カスパーゼなど
*4　NF-κB（nuclear factor kappa B）など

もっとくわしく　受容体のタイプについて

　細胞外から来る情報伝達物質の多くは、細胞膜を通過しないで、細胞表面にある受容体と結合して細胞を刺激します。細胞表面の受容体は、情報伝達物質と結合した後の振る舞いによって、大きく３つのタイプに分けることができます。

　１番目のタイプは、Gタンパクという"子分"のようなタンパク質を従えた受容体（Gタンパク連結型受容体）です。このタイプの受容体が情報伝達物質を受けとめると、Gタンパクを活性化してその後の反応を引き起こします。Gタンパクにはアデニル酸シクラーゼを活性化するGsタンパク（p.64）や、アデニル酸シクラーゼを不活性化するGiタンパク、そしてホスホリパーゼC-βという酵素を活性化してイノシトール３リン酸やジアシルグリセロールというセカンドメッセンジャーを生み出すGqタンパクがあります。

　２番目のタイプは、細胞膜より内側の部分が酵素になっている受容体（酵素連結型受容体）です。このタイプの受容体が情報伝達物質を受けとめると、酵素部分が活性化して、細胞内に情報が流れます。

　３番目のタイプは、イオンを通過させることができる受容体（イオンチャネル連結型受容体）です。それは、まるで「開けゴマ」という言葉にだけ反応して開く門のように、特定の情報伝達物質が来たときだけ門を開いてイオンを通過させるのです。

　なお、多くの情報伝達物質は細胞表面にある受容体に結合して機能を発揮するのですが、ステロイドホルモンや一酸化窒素といった、より小型の情報伝達物質は、細胞膜を通過して細胞内の受容体と結合して機能を発揮します。

●ポイント　受容体の分類
　A　細胞表面受容体
　　１．Gタンパク連結型受容体
　　２．酵素連結型受容体
　　３．イオンチャネル連結型受容体
　B　細胞内受容体
　　ステロイドホルモン受容体など

●3種類の細胞表面受容体

① Gタンパク連結型受容体

情報伝達物質
Gタンパク

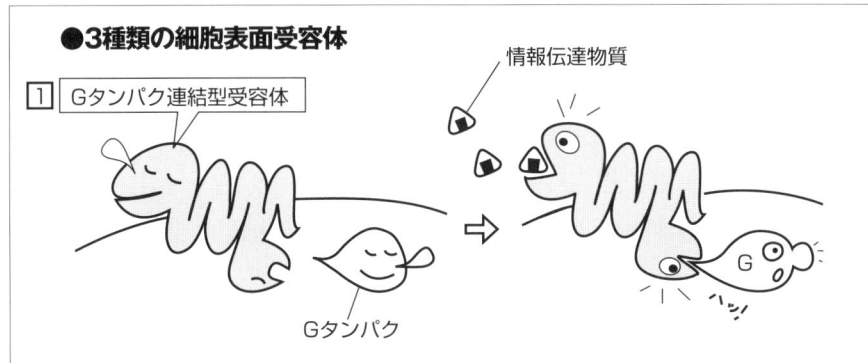

▶Gタンパク連結型受容体は、細胞膜を7回貫通しています。細胞内にはGタンパクという"子分"を従えており、情報伝達物質を受けとめるとGタンパクを活性化します。

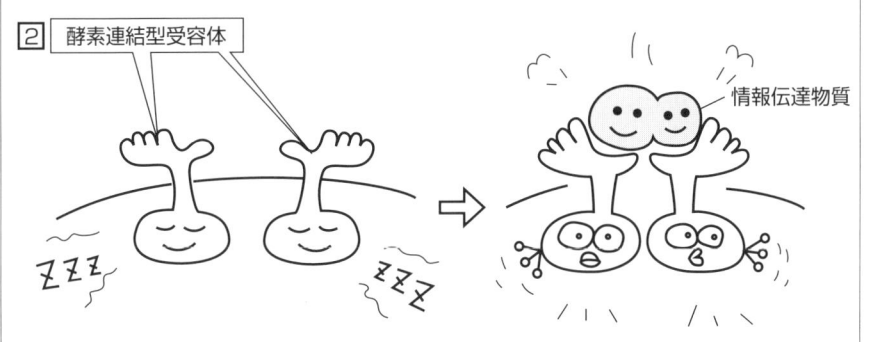

② 酵素連結型受容体

情報伝達物質

▶酵素連結受容体は、細胞内に酵素として働く部分を持っています。情報伝達物質が結合すると、酵素の部分が活性状態になります。

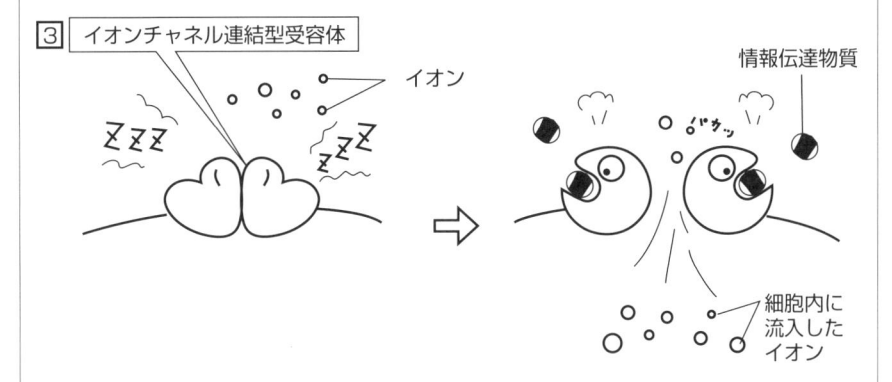

③ イオンチャネル連結型受容体

イオン
情報伝達物質
細胞内に流入したイオン

▶イオンチャネル連結型受容体は、情報伝達物質が来ると「開けゴマ」のように門を開放し、イオンを細胞内に通過させます。

もっとくわしく　細胞と細胞の結合による情報伝達

　細胞と細胞が情報を交換する方法として、①情報伝達物質を介する方法　②細胞表面のタンパク質どうしの結合を介する方法　③ギャップ結合を介する方法の少なくとも３つがあるというお話をしました（p.60）。第５幕では、おもに①の方法について説明してきましたが、②の方法も生命活動において重要です。

　たとえば、樹状細胞という細胞は、体外から来た微生物を食べて消化してくれるのですが、さらに微生物の断片をクラスⅡMHC分子というタンパク質に結合させて、細胞の表面に出します。するとヘルパーT細胞という細胞が、その表面にあるT細胞受容体で、微生物の断片を結合させたクラスⅡMHC分子と結合して刺激を受け、本格的な免疫応答を発動させます。

　また、脳という組織の発生の過程においては、まだ何者でもない（未分化な）上皮細胞の中から、限られた細胞だけが神経細胞になっていくのですが、神経細胞になるように偶然選ばれた細胞は、まわりの上皮細胞に「君たちは神経細胞になってはいけない」という情報を送ります。すなわち、神経細胞になるように選ばれた細胞は、デルタというタンパク質を細胞表面に出します。そして、周囲の未分化な上皮細胞は、ノッチという細胞表面に存在する受容体タンパクで、デルタと結合すると、神経細胞になるのをあきらめ、上皮細胞として成熟するのです。

　このような情報伝達が障害されると、神経細胞が過剰に発生したり、あるべきでない場所に神経細胞が発生して、結局発生過程を継続できなくなります。

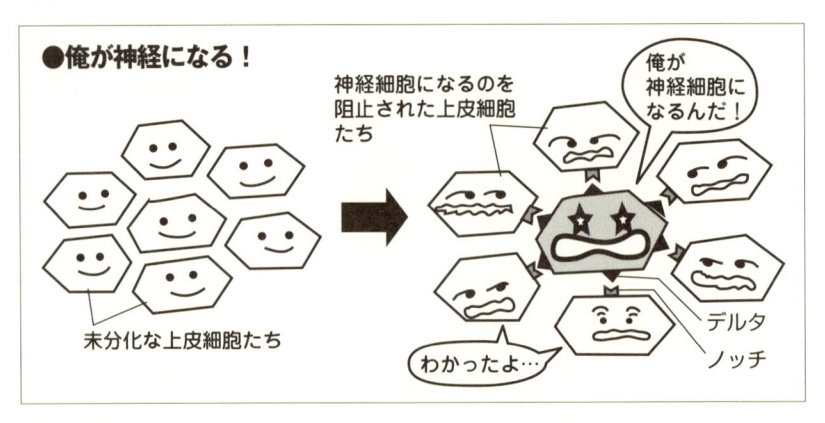

●俺が神経になる！

> ミニ Tea room　情報伝達物質のいろいろ

●腸が幸福感を脳に伝える？

　私たちが食事をとると、消化を助ける胆汁が腸に分泌されます。それは、腸の基底顆粒細胞という細胞が食物中の化学物質を感じ取って、コレシストキニンというホルモンを血液中に放出するからです。「コレ」は「胆汁」、「シスト」は「袋」、「キニン」は「動かすもの」、すなわち、コレシストキニンは「胆汁」をためる「袋」である胆嚢を収縮させて、胆汁を腸に出させるのです。さらに、食後に基底顆粒細胞から放出されるコレシストキニンの濃度が高まると、脳に働きかけて満足感、幸福感をひき起こすとともに、ねむけを催すのだそうです。

　基底顆粒細胞は、その発見者によって「腸の中の味細胞」とあだ名がつけられているのですが、その「味」とは「あまい」「からい」というはっきりとした味覚ではなくて、「ああ、いいものを食べた、しあわせ、しあわせ」という感覚なのでした（藤田恒夫「腸は考える」岩波新書、1991年）。

第5幕のまとめ

●細胞どうしは、情報伝達物質とその受容体を介して、もしくは細胞表面のタンパク質どうしを結合させることによって、情報を交換する。

●受容体には、特異的に結合するシグナル分子（情報伝達物質）がある。情報伝達物質は分泌されてから受容体に結合する距離や時間に応じて、ホルモン、神経伝達物質、局所的化学伝達物質などに分けられる。

●受容体タンパクが情報伝達物質を受けとめると、立体的な形が変わって活性状態となり、細胞内に情報を伝達する。

●細胞内に広範に拡散して情報を伝えるのは、セカンドメッセンジャーという分子である。

●**細胞死も情報伝達物質によってコントロールされている。**
●細胞死を引き起こす信号分子がその受容体に結合すると、細胞内のタンパク質たちが順序正しく活性化していくことで細胞死が実行される。
●このような情報伝達によって実行される細胞死は、「アポトーシス」もしくは「プログラムされた細胞死」と呼ばれる。

●細胞は、異なる受容体からの刺激を統合して、行動を決定する。

●同じ受容体からの刺激であっても、細胞内外の状況が異なれば異なった結果を生じうる。

第6幕
情報伝達の異常としての病気

　第5幕では、細胞どうしで交わされる情報交換の様子と、細胞の中における情報伝達のしくみを見てきました。
　多くの病気は、このような細胞どうし、分子どうしの情報伝達のしくみがうまくいかずに、ある細胞や分子だけが暴走することによって引き起こされます。ここでは、糖尿病をはじめとする生活習慣病やがんといった多くの成人を悩ませる病気を"情報伝達の異常"という視点からとらえてみたいと思います。
　そして"情報伝達の異常"がどうして起きるのかは、遺伝子や生活習慣の問題ともからめて第13幕でお話ししていきます。

scene 6.1 情報伝達の異常としての肥満症

　肥満は風邪とならんで「万病のもと」といわれます。肥満によって実際にからだになんらかの問題を生じる場合を肥満症といいます。肥満症の本当の原因はまだよくわかっていないのですが、食べ過ぎと運動不足が慢性的に続けば肥満になることは、誰もが知っています。

　食べものから得られるエネルギーが、運動で消費するエネルギーを上回ると、余ったエネルギーは中性脂肪（p.17）として皮膚の下にいる脂肪細胞の中にたくわえられます。これが皮下脂肪です。

　本来ならば、中性脂肪を充分たくわえた脂肪細胞は「もう食べ物を食べなくていいよ」という情報伝達物質を脳に向かって発信して、食欲を低下させます。そのような情報伝達物質の1つに、レプチンというタンパク質ホルモンがあります。

　脂肪細胞から放出されたレプチンは、血流に乗って脳の視床下部という場所にたどり着き、レプチンの受容体と結合します。すると視床下部の神経細胞は、食欲を増す神経伝達物質（神経ペプチドYなど）の分泌を抑え、また食欲を低下させる神経伝達物質（グルカゴン様ペプチド1など）を放出します。すなわち、食欲が低下します。

　さらに、レプチンを受容体で受けとめた視床下部の神経細胞は、交感神経細胞を刺激して、神経伝達物質ノルアドレナリンを放出させます。ノルアドレナリンは、脂肪細胞の表面にある受容体（β_3型受容体）に結合し、脂肪細胞にたくわえられた中性脂肪を分解して、中性脂肪にたくわえられたエネルギーを熱として放散させるようにします。

　今お話しした情報伝達の経路は、肥満を防止する経路のほんの一端でしかないわけですが、それでも充分巧妙で複雑であることがわかります。これらの情報伝達の経路が、ストレスなどの原因によってうまくいかなければ肥満に向かうわけです。

細胞劇場

レプチンは飽食の情報伝達物質

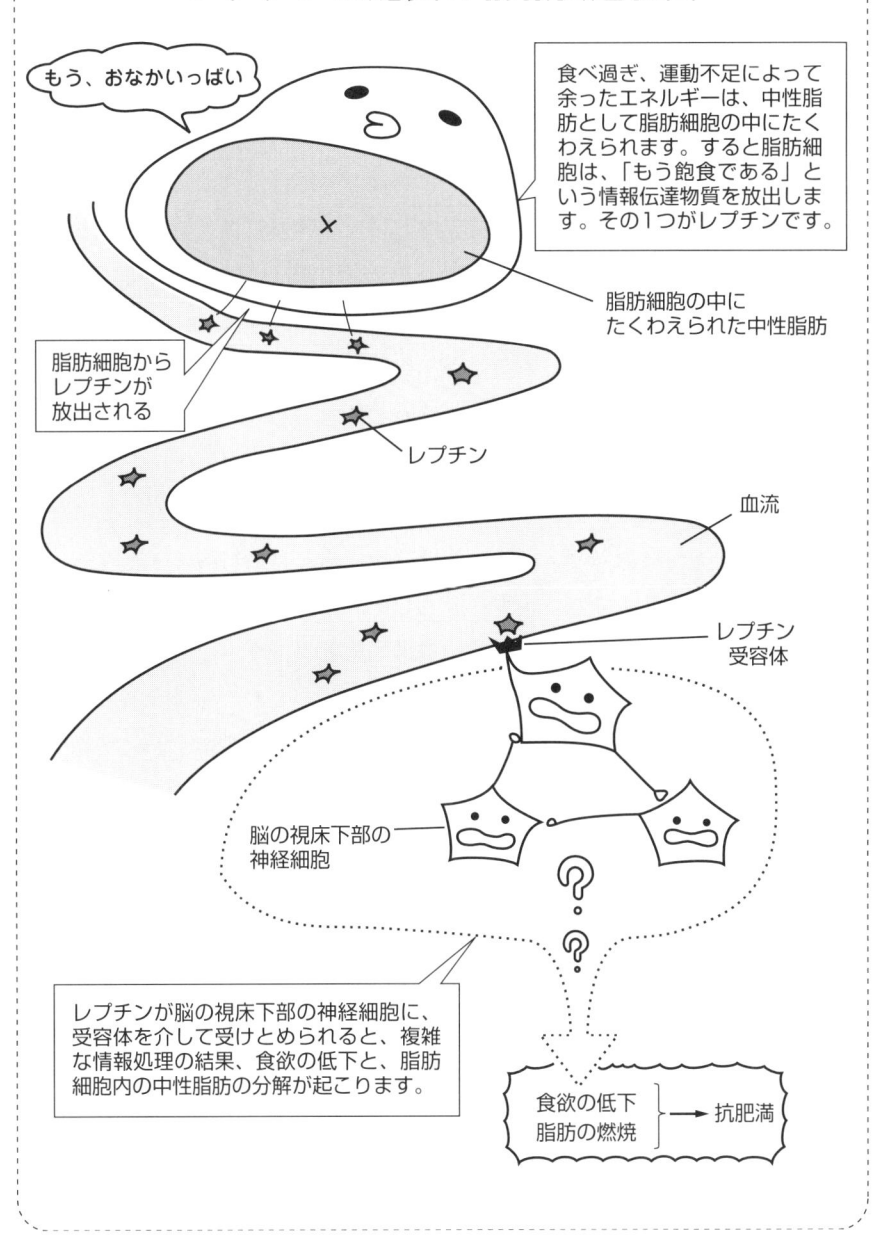

もう、おなかいっぱい

食べ過ぎ、運動不足によって余ったエネルギーは、中性脂肪として脂肪細胞の中にたくわえられます。すると脂肪細胞は、「もう飽食である」という情報伝達物質を放出します。その1つがレプチンです。

脂肪細胞の中にたくわえられた中性脂肪

脂肪細胞からレプチンが放出される

レプチン

血流

レプチン受容体

脳の視床下部の神経細胞

レプチンが脳の視床下部の神経細胞に、受容体を介して受けとめられると、複雑な情報処理の結果、食欲の低下と、脂肪細胞内の中性脂肪の分解が起こります。

食欲の低下
脂肪の燃焼 → 抗肥満

scene 6.2 情報伝達の異常としての糖尿病

　糖尿病を患う人の数は年々増えています。糖尿病は、一言でいえばインスリンというホルモンの作用不足によって、細胞が血液中のブドウ糖をうまく利用することができない病気です。インスリンの作用不足の結果、血液中のブドウ糖濃度（血糖値）が高い状態が慢性的に続くと、血管にダメージが加わり、腎臓や神経など種々の臓器に傷害を来すことになります。人工透析を受けている人たちの約4割は糖尿病による腎障害です。

　正常の場合には、食事した後にブドウ糖が小腸から体内に吸収されると、膵臓のβ細胞という細胞が血糖値の上昇を感じ取って、細胞内に情報を伝達し、最終的にインスリンを血液中に分泌します。

　インスリンの受容体を持った体内の細胞たちは、血液中を流れて来たインスリンを受け取ると、細胞内に情報を伝達し、最終的に細胞の中にブドウ糖を取り込んでエネルギー源として利用します。

　糖尿病は、こうした細胞内情報伝達の異常によって、血糖値が上がっているにもかかわらず膵臓β細胞がインスリンをすぐに分泌できなかったり、インスリンを受け取っているにもかかわらず細胞がすぐにブドウ糖を取り込むことができなくなる病気です。膵臓β細胞内でのインスリン合成に異常が生じる場合や、β細胞が破壊されることによって、インスリンの量そのものが不足する場合もあります。

　糖尿病の治療としては、食事制限によって小腸からのブドウ糖の吸収を制限したり、運動によって筋肉にブドウ糖を利用させるのが基本です。糖尿病の薬としては、ブドウ糖の吸収を抑制する薬（α-グルコシダーゼ阻害薬）や、膵臓からのインスリン分泌を刺激する薬（スルホニルウレア剤）、インスリンそのものの注射剤、あるいはインスリンを受けとめた細胞をブドウ糖をうまく利用できるように促す薬剤（インスリン抵抗性改善薬）などがあります。

細胞劇場

ブドウ糖の旅路
【小腸から吸収されたブドウ糖が細胞内に取り込まれるまで】

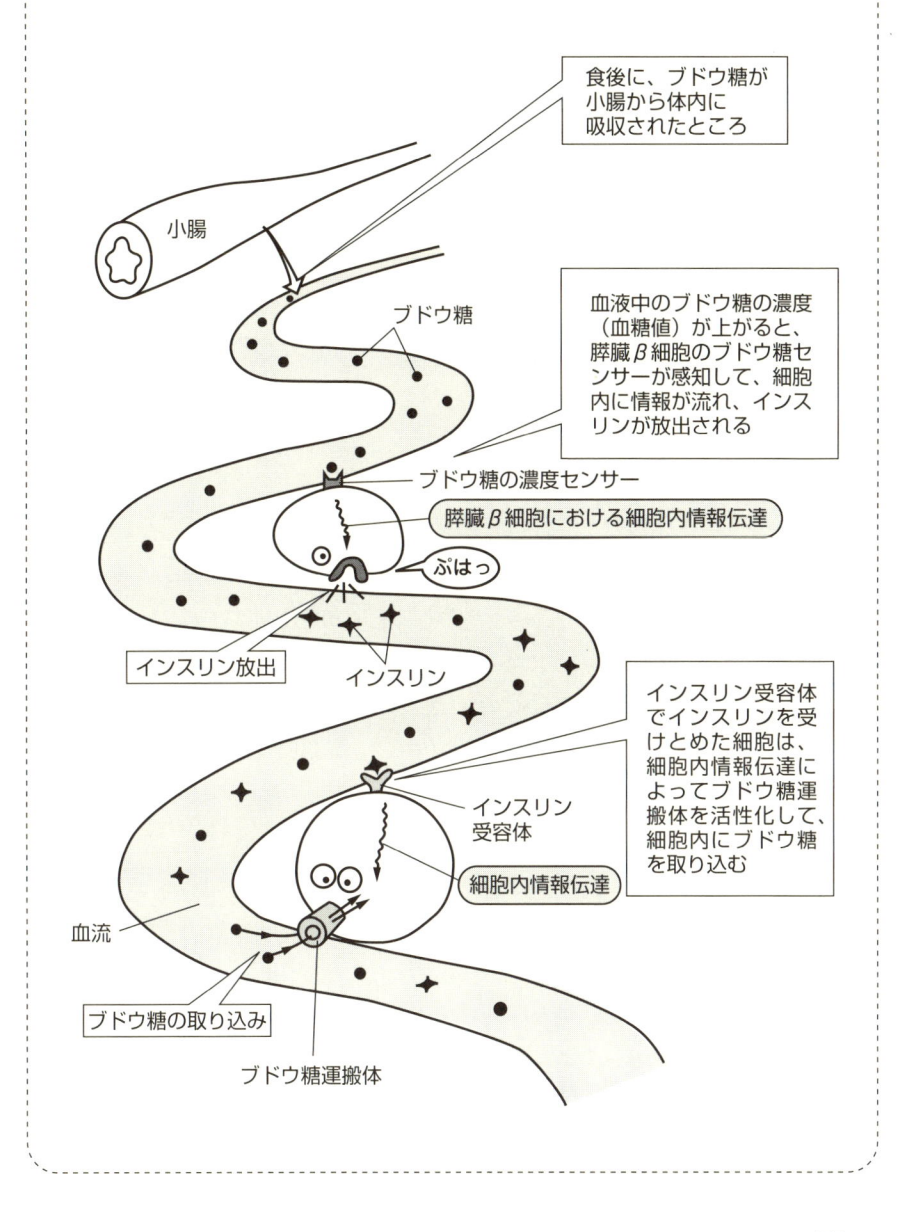

- 食後に、ブドウ糖が小腸から体内に吸収されたところ
- 小腸
- ブドウ糖
- 血液中のブドウ糖の濃度（血糖値）が上がると、膵臓β細胞のブドウ糖センサーが感知して、細胞内に情報が流れ、インスリンが放出される
- ブドウ糖の濃度センサー
- 膵臓β細胞における細胞内情報伝達
- ぷはっ
- インスリン放出
- インスリン
- インスリン受容体でインスリンを受けとめた細胞は、細胞内情報伝達によってブドウ糖運搬体を活性化して、細胞内にブドウ糖を取り込む
- インスリン受容体
- 細胞内情報伝達
- 血流
- ブドウ糖の取り込み
- ブドウ糖運搬体

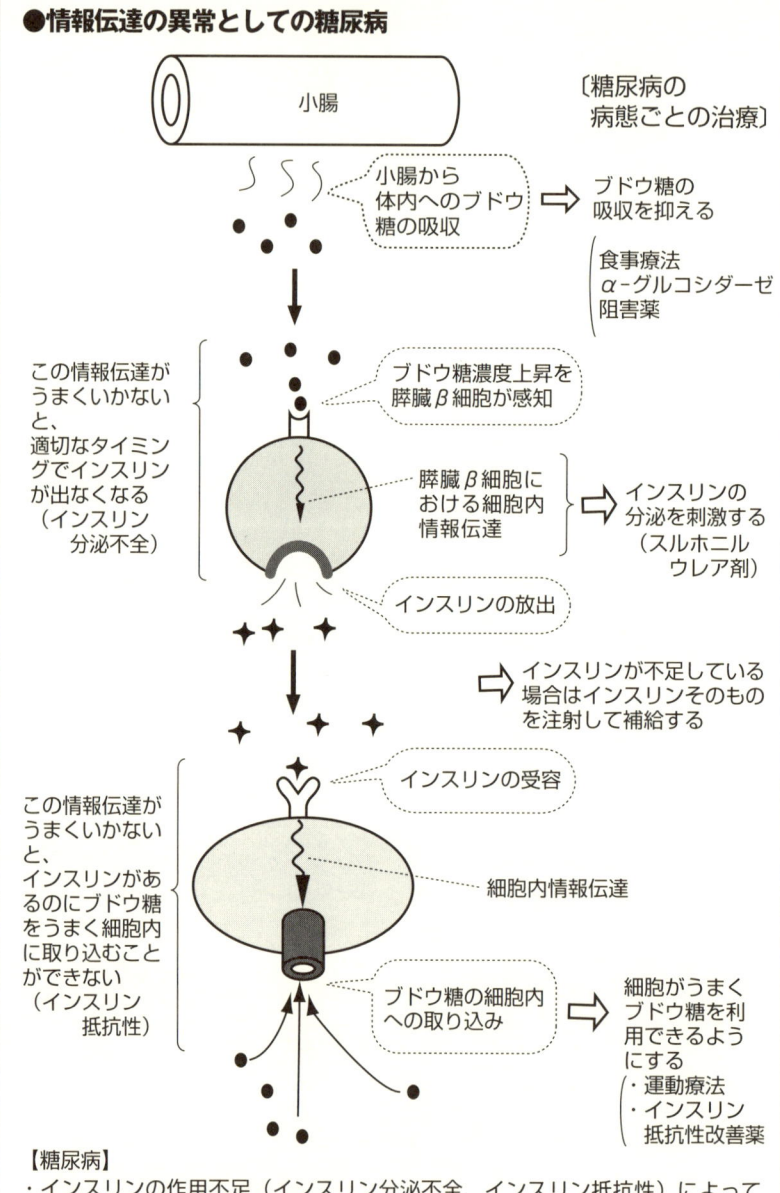

●情報伝達の異常としての糖尿病

〔糖尿病の病態ごとの治療〕

小腸

小腸から体内へのブドウ糖の吸収 ⇒ ブドウ糖の吸収を抑える
　食事療法
　α-グルコシダーゼ阻害薬

この情報伝達がうまくいかないと、適切なタイミングでインスリンが出なくなる（インスリン分泌不全）

ブドウ糖濃度上昇を膵臓β細胞が感知

膵臓β細胞における細胞内情報伝達 ⇒ インスリンの分泌を刺激する（スルホニルウレア剤）

インスリンの放出

⇒ インスリンが不足している場合はインスリンそのものを注射して補給する

インスリンの受容

この情報伝達がうまくいかないと、インスリンがあるのにブドウ糖をうまく細胞内に取り込むことができない（インスリン抵抗性）

細胞内情報伝達

ブドウ糖の細胞内への取り込み ⇒ 細胞がうまくブドウ糖を利用できるようにする
　・運動療法
　・インスリン抵抗性改善薬

【糖尿病】
・インスリンの作用不足（インスリン分泌不全、インスリン抵抗性）によって慢性的に血糖値が高くなる病気
・血糖値が180 mg/dL程度を超えると、尿に糖が出る
・慢性的に血糖値が高くなることにより、動脈に傷害を来たし、腎障害や神経障害を来たす

scene 6.3 情報伝達の異常としてのがん

　日本人の死因の第1位は、がんと集計されています。がんは、細胞が勝手気まま（自律的）に分裂増殖して、周囲の臓器を破壊するようになったものです。

　私たちの細胞は、本来ならば増殖因子という情報伝達物質が受容体を刺激したときにだけ分裂して増殖します。増殖因子が来ないときには、Rbタンパクをはじめとする細胞分裂抑制タンパクが、細胞分裂にブレーキをかけています。増殖因子が受容体に結合すると、特定の細胞情報伝達タンパク群を活性化し、細胞分裂抑制タンパクによるブレーキを解除して細胞を分裂させるのです。

　以上の経路のいずれかが暴走しはじめると、細胞はがん化の方向に向かいます。

　たとえば、増殖因子が来ないにもかかわらず、受容体や細胞増殖の情報を伝える情報伝達タンパク群が活性状態になると、がん化の原因になります。

　あるいは細胞分裂抑制タンパクの活性が落ちることもがん化の原因になります。

　この本の後半（第2部）でお話しするように、タンパク質の設計情報を担う分子を遺伝子というのですが、細胞分裂促進タンパクの遺伝子（原がん遺伝子）が変化して、異常に活性の高い細胞分裂促進タンパクができてしまったり、あるいは逆に細胞分裂抑制タンパクの遺伝子（がん抑制遺伝子）が変化して、活性の低い細胞分裂抑制タンパクができてしまうと、細胞はがん化の方向に向かいます（p.188参照）。

第6幕　情報伝達の異常としての病気

> 細胞劇場

細胞分裂の情報伝達

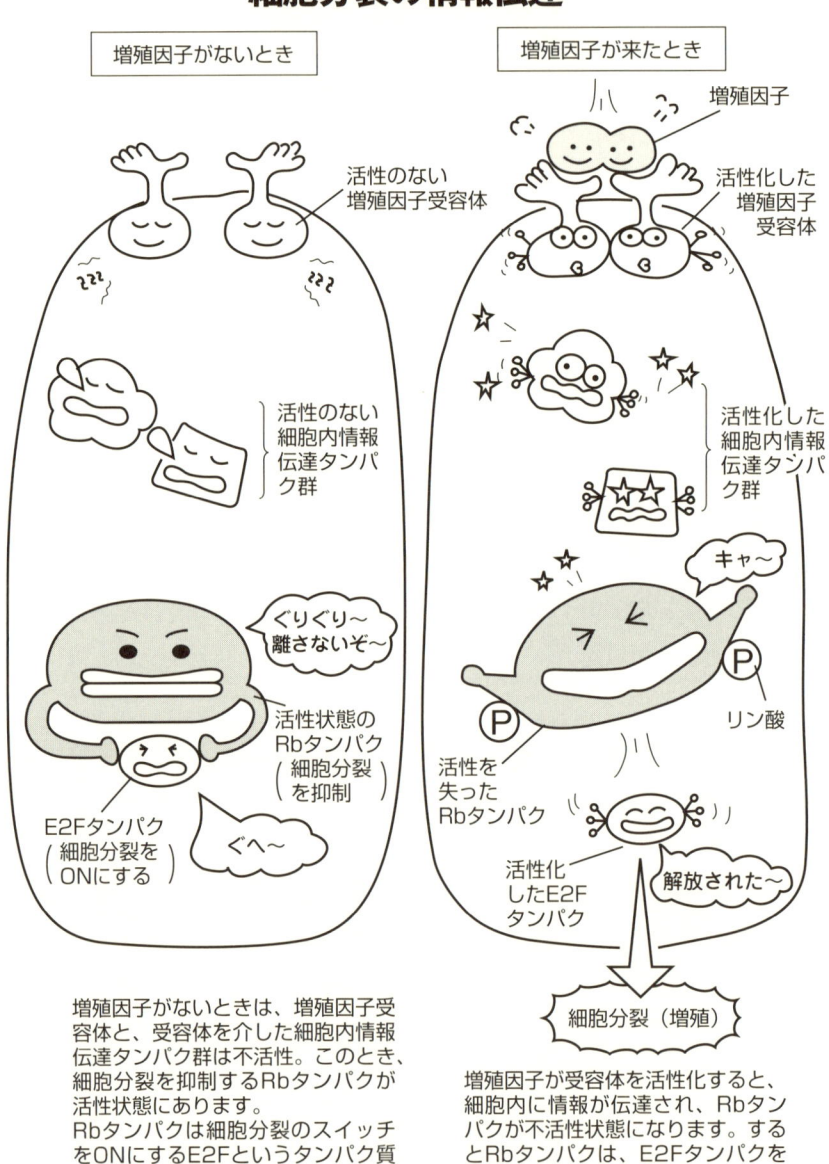

増殖因子がないとき / 増殖因子が来たとき

- 活性のない増殖因子受容体
- 増殖因子
- 活性化した増殖因子受容体
- 活性のない細胞内情報伝達タンパク群
- 活性化した細胞内情報伝達タンパク群
- ぐりぐり〜離さないぞ〜
- キャ〜
- 活性状態のRbタンパク（細胞分裂を抑制）
- ぐへ〜
- P リン酸
- 活性を失ったRbタンパク
- E2Fタンパク（細胞分裂をONにする）
- 活性化したE2Fタンパク
- 解放された〜
- → 細胞分裂（増殖）

増殖因子がないときは、増殖因子受容体と、受容体を介した細胞内情報伝達タンパク群は不活性。このとき、細胞分裂を抑制するRbタンパクが活性状態にあります。
Rbタンパクは細胞分裂のスイッチをONにするE2Fというタンパク質を捕らえて離さないので、E2Fは働くことができません。

増殖因子が受容体を活性化すると、細胞内に情報が伝達され、Rbタンパクが不活性状態になります。するとRbタンパクは、E2Fタンパクを解き放つので、細胞分裂がスタートします。

細胞劇場

情報伝達の異常としてのがん

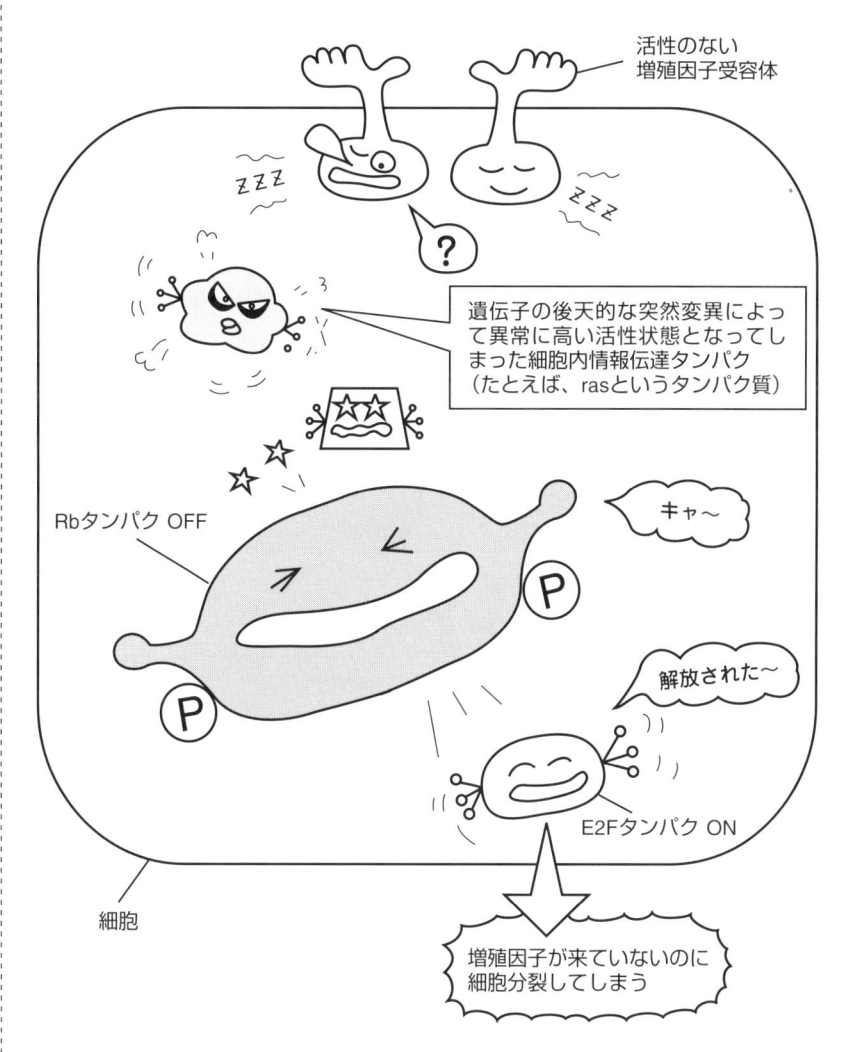

活性のない
増殖因子受容体

ZZZ
?
ZZZ

遺伝子の後天的な突然変異によって異常に高い活性状態となってしまった細胞内情報伝達タンパク（たとえば、rasというタンパク質）

Rbタンパク OFF

キャ〜

P
P

解放された〜

E2Fタンパク ON

細胞

増殖因子が来ていないのに細胞分裂してしまう

　がん細胞はタンパク質の設計図である遺伝子に傷がつき、異常に活性の高い細胞分裂促進タンパクや、活性の低い細胞分裂抑制タンパクを生じることによって発生します。
　上の例は、遺伝子に傷がつくことによって（後天的突然変異）、異常に活性の高い細胞増殖の情報を伝えるタンパク質が生まれた場合です。このような異常なタンパク質のせいで、増殖因子が来ていないにもかかわらず、細胞が分裂してしまうのです。

scene 6.4 多くの薬は情報伝達に作用する

　細胞は、情報伝達物質を受容体で受けとめて、細胞内に情報を伝達して、反応します。その経路のどこかが足りなければ補い、逆に暴走すれば抑える、というのが薬物療法の基本的な考え方です。

1．情報伝達物質の不足を補う
- 糖尿病でインスリンが不足している場合には、インスリンを補給します。
- ステロイドホルモンが不足している副腎不全という病気の場合には、ステロイドホルモンを補給します。

2．情報伝達物質の過剰産生や過剰な働きを抑える
- 赤く腫れて熱をもって痛む、という炎症の過程には、炎症性サイトカインやプロスタグランジンという一群の情報伝達物質の過剰産生が深く関わっています。

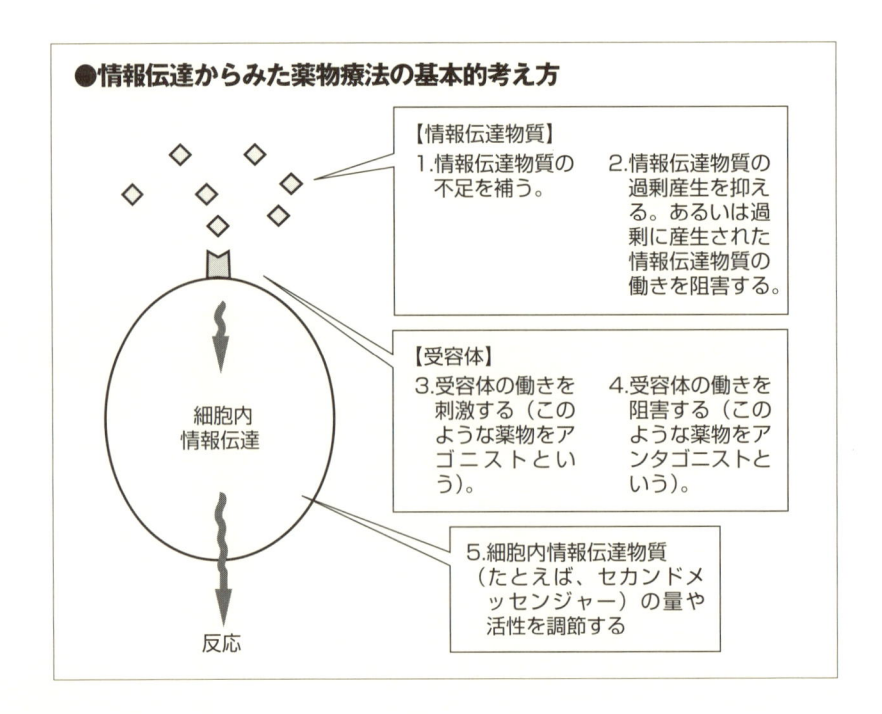

●情報伝達からみた薬物療法の基本的考え方

【情報伝達物質】
1. 情報伝達物質の不足を補う。
2. 情報伝達物質の過剰産生を抑える。あるいは過剰に産生された情報伝達物質の働きを阻害する。

【受容体】
3. 受容体の働きを刺激する（このような薬物をアゴニストという）。
4. 受容体の働きを阻害する（このような薬物をアンタゴニストという）。

5. 細胞内情報伝達物質（たとえば、セカンドメッセンジャー）の量や活性を調節する

サイトカイン　「サイト」とは「細胞」、「カイン」とは「作動」という意味があります。すなわち「サイトカイン」には、「細胞が出して細胞に働きかける物質」という意味が込められています。一群の炎症性サイトカインの中でも、特にTNF-αというサイトカインは、近くの血管（毛細血管に続く血管で、「後毛細血管細静脈」といいます）を拡張させて、なおかつ血管から体液や細胞をしみ出しやすくします（浸出）。炎症のときに赤く腫れるのはそのためです。また、かつてはインターロイキン-8とよばれ、今ではCXCL8とよばれるサイトカインは、白血球を炎症の場所に呼び寄せる物質として働きます。

プロスタグランジン　プロスタグランジンは、はじめに前立腺（prostate gland）から出される物質として発見されたのでその名前が付いています。プロスタグランジンは、アラキドン酸という脂肪酸からつくられる一群の脂質性の情報伝達物質で、特にプロスタグランジンE_2は血管の細胞に働きかけて血管を拡張させたり、神経細胞に「痛み」を感じさせます。

● 痛み止め（非ステロイド性消炎鎮痛薬）の多くは、アラキドン酸からプロスタグランジンをつくる初期反応を担当する酵素（シクロオキシゲナーゼ）の働きを阻害することによって、プロスタグランジンの過剰産生を抑えます（p.84図参照）。

● ステロイドを抗炎症目的に使うときには、炎症性サイトカインの過剰産生を抑えることを期待して使用します。過剰に産生された炎症性サイトカインが受容体に結合しないようにする薬剤の開発も進んでいます。すなわち、炎症性サイトカインが結合する受容体を"おとり"として外から加えることによって、本来結合するべき受容体に結合しないようにするのです（可溶性受容体）。あるいは、炎症性サイトカインに結合して機能を発揮させないようにするタンパク質も薬物として開発されています（抗サイトカイン抗体）。

3. 受容体の働きを刺激する（アゴニスト）

● 気管支喘息の発作のときには、気管支の周りをリング状に取り囲む平滑筋が収縮しています。アドレナリンというホルモンの受容体（$β_2$型）を刺激する薬剤は、平滑筋を弛緩させて気管を広げるので、喘息発作のときに頓服として使用されます。

4. 受容体の働きを抑える（アンタゴニスト）

● 糖尿病以上に年々増え続けている花粉症においては、肥満細胞という細胞か

●炎症と薬物

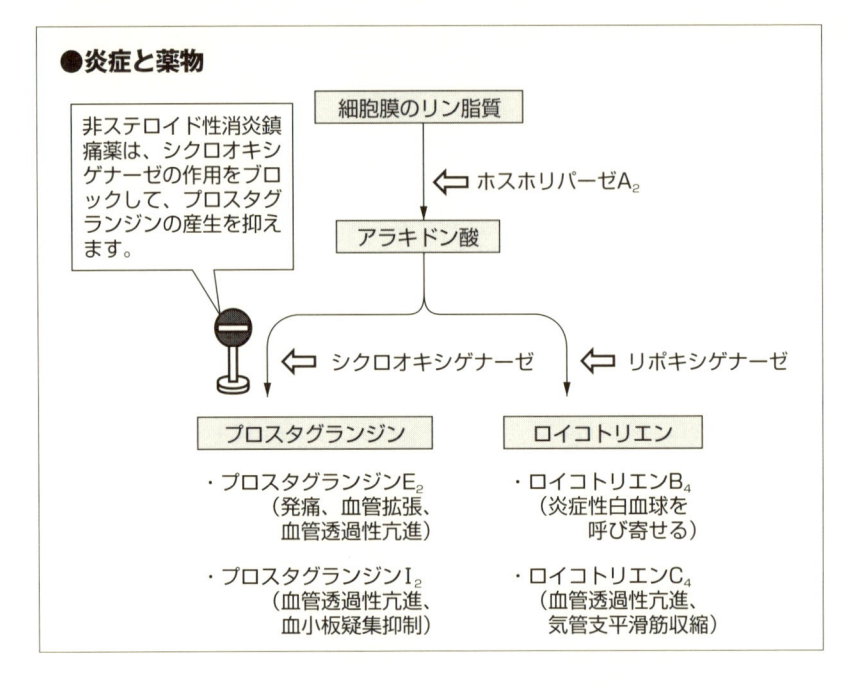

```
             細胞膜のリン脂質
                  │
                  ⇐ ホスホリパーゼA₂
                  ↓
              アラキドン酸
               ╱      ╲
        ⇐ シクロオキシゲナーゼ   ⇐ リポキシゲナーゼ
         ↓                    ↓
    プロスタグランジン          ロイコトリエン
```

非ステロイド性消炎鎮痛薬は、シクロオキシゲナーゼの作用をブロックして、プロスタグランジンの産生を抑えます。

- プロスタグランジンE_2
  (発痛、血管拡張、血管透過性亢進)
- プロスタグランジンI_2
  (血管透過性亢進、血小板凝集抑制)

- ロイコトリエンB_4
  (炎症性白血球を呼び寄せる)
- ロイコトリエンC_4
  (血管透過性亢進、気管支平滑筋収縮)

ら放出されるヒスタミンなどの局所的化学伝達物質が深く関与しています。ヒスタミンを受容体で受けとめた鼻の粘膜の細胞の反応によって、「くしゃみ鼻水鼻づまり」が起きるのですが、抗ヒスタミン剤は、ヒスタミンの受容体に先回りして結合して、ヒスタミンが受容体に結合するのをブロックします。

●ヒスタミンの受容体をブロックしただけでは充分に症状がとれないのは、花粉症に関わる局所的化学伝達物質がヒスタミンだけではないからです。

5．細胞内情報伝達を調節する

●狭心症発作は、心臓が酸素不足になって胸痛という形で危険信号を出している状態です。狭心症発作のときに使われるニトログリセリンは、からだの中で一酸化窒素になって、心臓に酸素を送る動脈の周りを取り巻く平滑筋細胞の中に入ります。細胞の中に入った一酸化窒素は、グアニル酸シクラーゼというタンパク質を活性化して、サイクリックGMPを生みだします。サイクリックGMPはセカンドメッセンジャーとして働いて、平滑筋を弛緩させて、動脈を広げることによって、酸素供給量を増やします。

第2部
遺伝子の分子生物学

第1部では、呼吸をはじめとする細胞の中での化学反応や
細胞どうしの情報伝達といった生命活動のほとんどが
タンパク質によって営まれているのを見てきました。
これらの生命活動を支えるタンパク質の設計情報は
「遺伝子」という分子が担っています。
「遺伝子操作」、「遺伝子診断」、「遺伝子治療」……と
近年マスコミでも取り上げられることが多くなった遺伝子ですが、
そもそも遺伝子とDNAとゲノムはどのように違うのでしょうか。
なぜ今、「ヒト・ゲノム」なのでしょうか
第2部では遺伝子の基礎と応用についてお話しします。

第7幕
DNAの姿

　生命活動のほとんどは、タンパク質によって営まれているわけですが、タンパク質の種類は10万種類以上とも、無数とも数えられているほどたくさんあります。このさまざまなタンパク質の設計情報はDNAという分子が担っています。DNAとはデオキシリボ核酸（deoxyribonucleic acid）を省略した言葉です（p.16参照）。
　DNAがどのようにしてタンパク質の設計情報を担うかについては第9幕でお話しすることとして、まず、ここではDNAの基本的な構造について見ていきたいと思います。

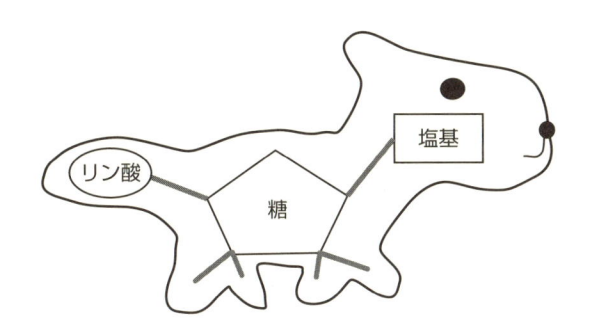

第7幕　DNAの姿

scene 7.1 核の中には何がある？

　細胞を顕微鏡で観察すると核（nucleus）という袋がまず目を引きます[1,2]。この核の中には核酸という分子が詰まっています（第1幕参照）。核酸にはデオキシリボ核酸（deoxyribonucleic acid, DNA）とリボ核酸（ribonucleic acid, RNA）の2種類があります。

　DNAとRNAの働きについては第9幕でお話しすることとして、ここでは核酸の基本的な構造を見ることにしましょう。

核酸はヌクレオチドでできたネックレス

　核酸はヌクレオチド（nucleotide）という分子をつなげてできたひも状の分子です。ヌクレオチドを"ビーズ"とすれば、核酸はビーズをつなげた"ネックレス"のような分子といえます。

　ヌクレオチドは、リン酸と糖と塩基が結合してできた分子で、その形を"動物"に見立てれば、リン酸は"しっぽ"、糖は"胴体"、そして塩基は"顔"です。ヌクレオチドの"胴体"である糖にはリボースとデオキシリボースの2種類があり、この違いによりDNAとRNAに分けられます。

●核酸はヌクレオチドの糖の種類によって2種類に分けられる

核　酸	デオキシリボ核酸（DNA）	リボ核酸（RNA）
ヌクレオチドの糖	デオキシリボース	リボース
ヌクレオチドの名称	デオキシリボヌクレオチド	リボヌクレオチド

[1]　真核生物と原核生物　　核を持たない細胞の中にも核酸はあります。核を持つ細胞を真核細胞といい、核を持たない細胞を原核細胞といいます。そして、真核細胞から成り立つ生物を真核生物、原核細胞から成り立つ生物を原核生物といいます。原核細胞から真核細胞まで、すべての生物はDNAを通して遺伝情報を子孫へと引き渡していきます。

[2]　第1章で述べた細胞小器官であるミトコンドリアや植物細胞の細胞小器官である葉緑体の中にもDNAがあり、核外DNAと呼ばれています。

細胞劇場

ヌクレオチドの形を動物に見立てる　その1

【ヌクレオチドの形】

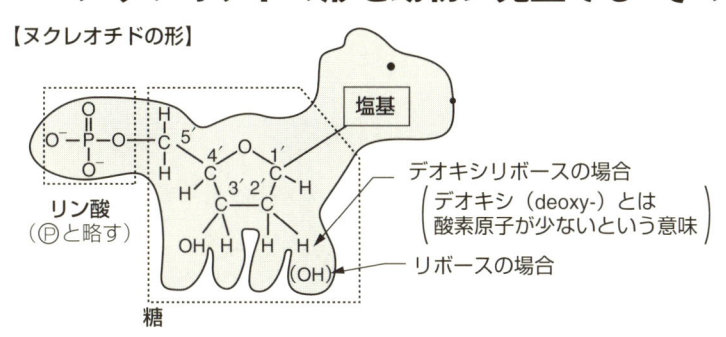

(図：リン酸＝"しっぽ"、糖＝"胴体"、塩基＝"顔"。デオキシリボースの場合／デオキシ（deoxy-）とは酸素原子が少ないという意味／リボースの場合。リン酸は ℗ と略す。糖の炭素は 1′〜5′ で番号付け。)

【ヌクレオチドと
　ヌクレオチドの結合】

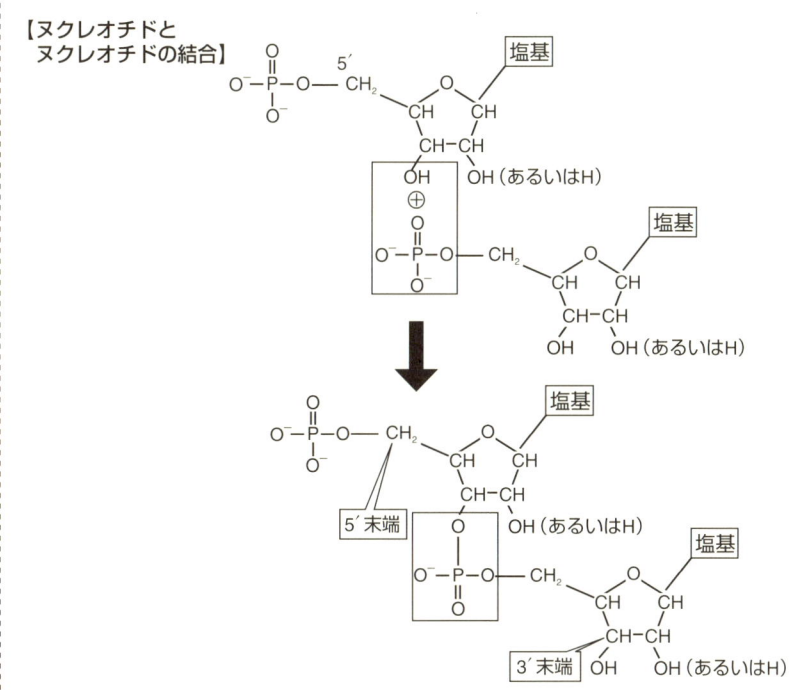

(図：2つのヌクレオチドが結合して5′末端・3′末端を持つ鎖になる様子)

▶"しっぽ"に相当する部分はリン酸、"胴体"に相当する部分は糖、そして"顔"に相当する部分は塩基です。
▶"胴体"に相当する糖は炭素原子5個でできていて、図のように 1′ から 5′ まで番号がつけられています。
▶ヌクレオチドどうしが連なって1本の鎖になるときには、"後足"に相当する部分が"しっぽ（リン酸）"をつかまえるようにして結合します。

scene 7.2 ヌクレオチドの4種類の"顔"

　核酸はヌクレオチドをつなげてできた"ネックレス"のような分子で、ヌクレオチドの"胴体"にあたる糖の種類によって、核酸はDNAとRNAとに分類できるという話をしました。今度はヌクレオチドの"顔"にあたる塩基について説明します。

　DNAをつくるヌクレオチド（デオキシリボヌクレオチド）の"顔（塩基）"には、アデニン・グアニン・シトシン・チミンの4種類があって、それぞれA・G・C・Tと省略されます。そして、アデニンを"顔（塩基）"に持つヌクレオチドをアデノシンリン酸、グアニンを塩基に持つヌクレオチドをグアノシンリン酸、シトシンを塩基に持つヌクレオチドをシチジンリン酸、チミンを塩基に持つヌクレオチドをチミジンリン酸というのですが、とても面倒くさいので、やはりそれぞれA・G・C・Tと省略されます。

　一方、RNAをつくるヌクレオチド（リボヌクレオチド）の"顔（塩基）"にはアデニン・グアニン・シトシン・ウラシルの4種類があり、DNAで使われているチミンのかわりにウラシル（Uと略）が使われているのですが、ウラシルとチミンとはお互いにそっくりな分子です。つまり、DNAとRNAとはほとんど共通の塩基を使っているといえます。

●塩基とヌクレオチドの名前はややこしいが略語は簡単

塩基	塩基＋糖＋リン酸（ヌクレオチド）	略号
アデニン	アデノシンリン酸	A
グアニン	グアノシンリン酸	G
シトシン	シチジンリン酸	C
チミン	チミジンリン酸	T
ウラシル	ウリジンリン酸	U

細胞劇場

ヌクレオチドの形を動物に見立てる その2

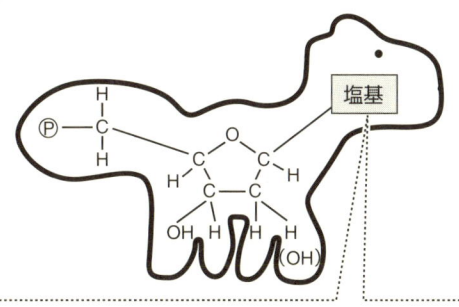

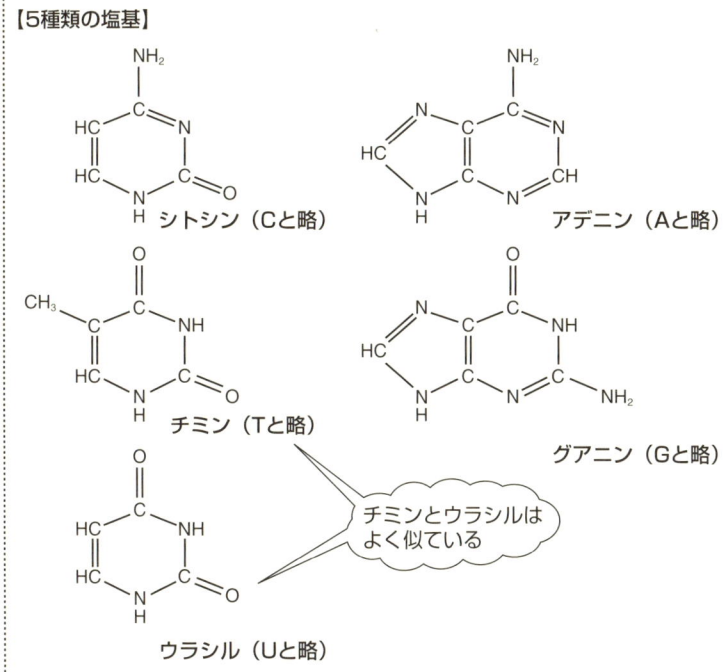

【5種類の塩基】

シトシン（Cと略）

アデニン（Aと略）

チミン（Tと略）

グアニン（Gと略）

ウラシル（Uと略）

チミンとウラシルはよく似ている

▶ヌクレオチドの"顔"に相当する塩基にはアデニン・グアニン・シトシン・チミン・ウラシルの5種類があり、それぞれA・G・C・T・Uと省略されます。
▶DNAのヌクレオチド（デオキシリボヌクレオチド）はA・G・C・**T**を塩基として使います。一方RNAのヌクレオチド（リボヌクレオチド）はA・G・C・**U**を塩基として使います。

scene 7.3 互いに寄り添うDNAの鎖

　DNAは、4種類のデオキシリボヌクレオチドがさまざまな順序でつながってできた分子であるという話をしました。たとえば、

-C-A-T-C-A-T-G-A-T-G-A-T-A-A-A-T-T-T-

といった具合に、DNAは4種類のビーズ分子をつなげてできたネックレスのような分子です。

　DNAは1本の鎖のままだと、もつれやすくて不安定なのですが、DNAは2本の鎖が寄り添うように引き寄せ合うことで安定した形をとっています。すなわち片方の鎖のAと、もう片方の鎖のTとが凹と凸のように引き寄せ合い、片方の鎖のCと、もう片方の鎖のGとが凹と凸のように引き寄せ合っているのです（水素結合）。AとT、あるいはCとGとのこのような関係を「相補的関係」といいます。それは「ネガとポジの関係」ということもできます。こうした分子どうしの関係によって、DNAは次のように寄り添った2本の鎖となります。

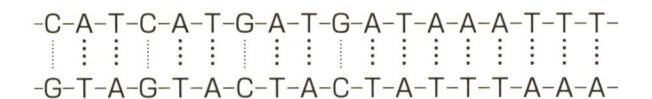

-C-A-T-C-A-T-G-A-T-G-A-T-A-A-A-T-T-T-
　┊┊┊┊┊┊┊┊┊┊┊┊┊┊┊┊┊┊
-G-T-A-G-T-A-C-T-A-C-T-A-T-T-T-A-A-A-

　この2本の鎖分子がらせん状にからみあうことで、DNAは安定した構造をつくっています。これが1950年代に明らかにされた「DNAの二重らせん構造」です。

細胞劇場

DNAの二重らせん構造

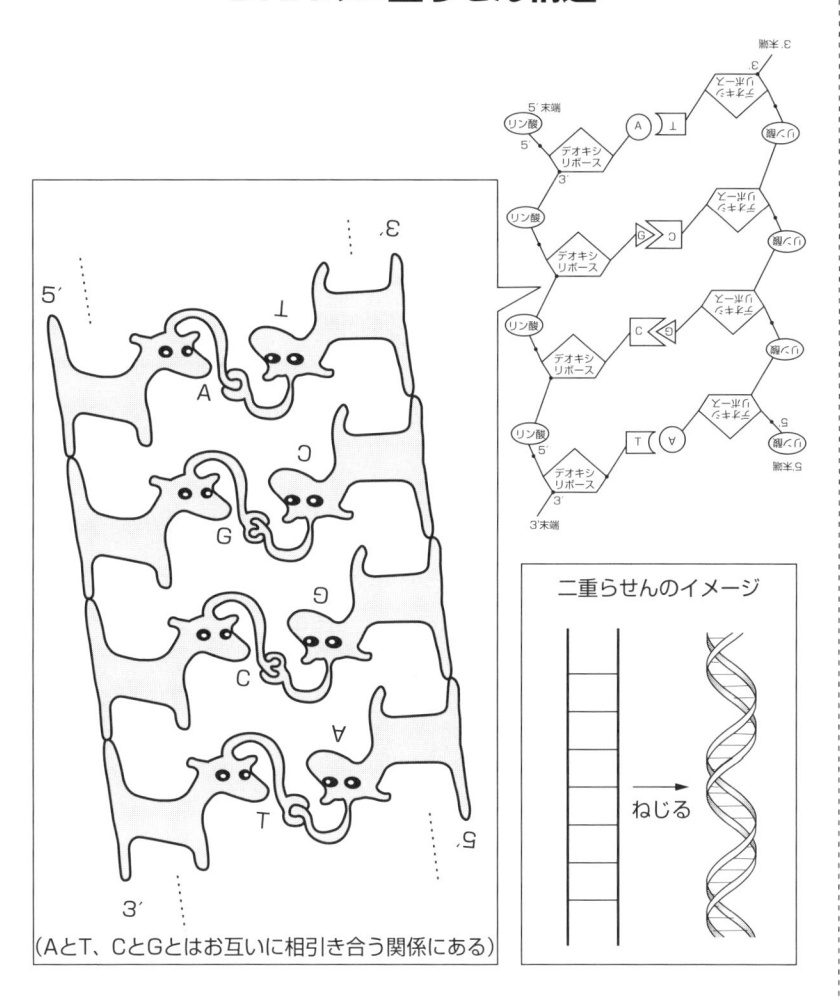

(AとT、CとGとはお互いに相引き合う関係にある)

二重らせんのイメージ

ねじる

▶DNAはA・G・C・Tと省略される4種類の小さな分子（デオキシリボヌクレオチド）がさまざまな順序でつながってできたひも状の分子です。DNAの鎖は、片方の鎖ともう片方の鎖との間でAとT、そしてCとGとが凹と凸のように引き寄せ合い、水素結合を形成して二重らせんをつくります。

▶ヌクレオチドの糖の炭素原子には、1′から5′まで番号がつけられていますが（p.89）、その番号にもとづき、核酸の末端は5′末端と3′末端と呼ばれます。

scene 7.4 DNAの長さはどれくらい？

DNAの驚くべき長さ

　これまでDNAの基本的な構造を見てきました。核を持つ細胞（真核細胞）において、DNAは核の中に詰め込まれているのですが、その長さはヒトではどれくらいだと思いますか？

　ヒトの細胞の核の大きさは、直径にしておよそ200分の1 mm程度なのですが、その中に詰め込まれているDNA 2本鎖の長さは、3 m*にも及ぶのです。

　いったいどのようにして3 mもの分子が、肉眼では見えないほど小さな核の中に詰め込まれているのでしょうか？

＊　約2 mと書いてある本もよくありますが、それは二重らせんの形になったDNAの長さを計算しているのです。

DNAは糸巻きのようなタンパク質にくるまれている

　DNA 2本鎖は、連続した1本のひもとして存在するわけではありません。たとえばヒトの細胞の核においては46本に、チンパンジーの細胞の核においては48本に分断されています。このように分断されたDNA 2本鎖は、ヒストンという"糸巻き"のようなタンパク質にくるまれて、コンパクトに凝縮されています。

　このようにして凝縮されたDNAは、染色液で染めることによって顕微鏡でよく見えるので「染色体（chromosome）」と呼ばれています*。DNA 2本鎖を"テープ"に見立てれば、テープをきっちりとコンパクトに巻いて保護したもの、すなわち"カセットテープ"に相当するものが染色体といえます。

＊　DNAとヒストンを主成分とする複合体を染色質（chromatin）といいます。染色質は細胞分裂の時期に凝縮度を高めて棒状の染色体になります（分裂期染色体）。細胞分裂期以外の時期には、染色質の凝縮度は高くなく、糸状の染色体として存在します。

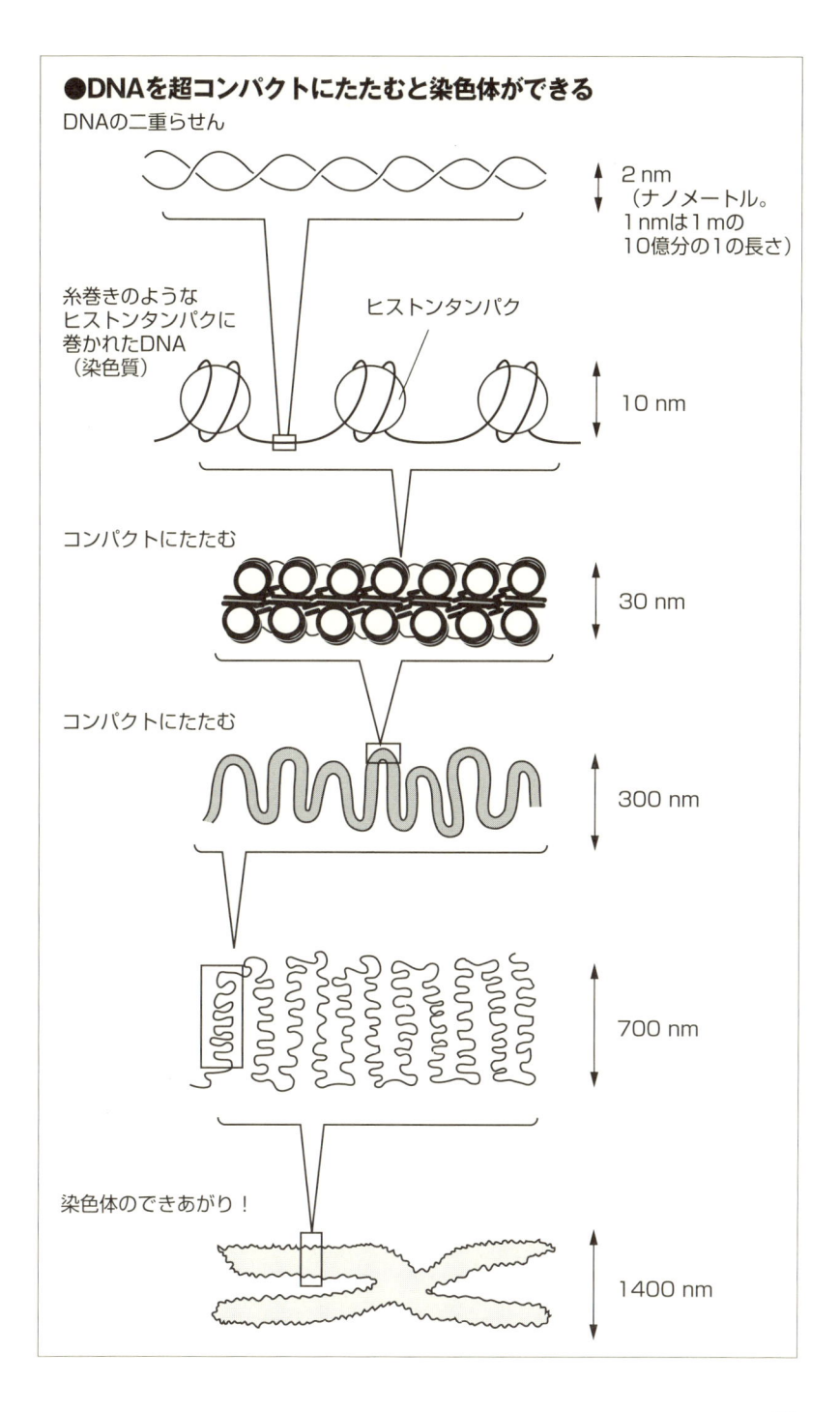

●DNAを超コンパクトにたたむと染色体ができる

DNAの二重らせん

↕ 2 nm
（ナノメートル。
1 nmは1 mの
10億分の1の長さ）

糸巻きのような
ヒストンタンパクに
巻かれたDNA
（染色質）

ヒストンタンパク

↕ 10 nm

コンパクトにたたむ

↕ 30 nm

コンパクトにたたむ

↕ 300 nm

↕ 700 nm

染色体のできあがり！

↕ 1400 nm

scene 7.5 DNAと遺伝子とゲノムはどう違うの？

　DNAはタンパク質の設計情報を担う分子ですが、生きものは精子（植物なら花粉）や卵という生殖細胞にDNAを詰め込んで、タンパク質の設計情報を子孫に遺し伝えます。ですから、DNAはしばしば「遺伝子（gene）」と呼ばれています。より正確にいえば、長いDNA分子の中で、タンパク質の設計情報を担う部分を遺伝子と呼びます。DNAをテープに見たてれば、情報を持つ部分、すなわち"録音された部分"に相当するのが遺伝子です。

　さて、精子と卵が合体すると受精卵となり、新たなる生命体が生まれるわけですが、精子や卵という生殖細胞が持ち寄るDNAの全体を「ゲノム（genome）」といいます。ヒトでいえば、精子や卵の中に23本の染色体として存在するDNAの全体がヒト・ゲノムなのです。

今、なぜヒト・ゲノムか？

　ヒト・ゲノムは、およそ30億個のヌクレオチドの対でできています。その並び方が2001年にほぼわかったのですが、同時に約1000ヌクレオチドに1個の割合という高い割合で個人差があるということがわかってきました。30億を1000で割ると300万、つまりおよそ300万個のヌクレオチドが一人一人異なっている計算になります。この違いに注目し、ヒト・ゲノムのヌクレオチド配列にはどのような個人差があり、それがどのような生物学的な多様性と結びついているのかを研究するのが現在の課題なのです。たとえば、ある種の病気のかかりやすさや、薬の効きにくさには個人差があることが昔から知られていますが、このような個人差とDNAの個人差を対応づけて考えることで、医療に役立てられないかと研究が進んでいます。このことについては、第13幕でもう一度ふれたいと思います。

細胞劇場

DNAがテープなら、染色体はカセットテープ

染色体→カセットテープ

DNAをコンパクトにまとめて保護したもの。
DNAがテープなら、染色体はカセットテープ。

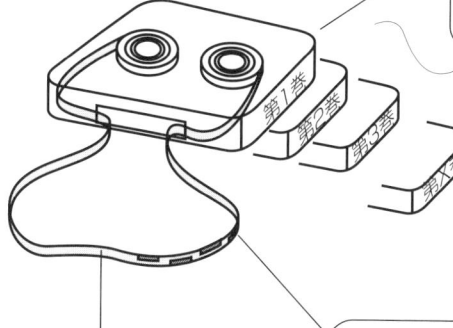

ゲノム →カセットテープの集合

染色体1番、染色体2番、……、その全体がゲノム。
カセットテープ1巻、カセットテープ2巻、……の全体にあたるもの。

遺伝子→録音された部分

A-T-A-T-A-T-G-C-C-C-G-A-A-T-G-A-A-T-A-T
A-T-A-T-A-T-C-G-G-G-C-T-T-A-C-T-T-A-T

DNAの中で、タンパク質の設計情報を持つ部分。
テープでたとえれば録音された部分。

DNA→テープ

A-T-A-T-A-T-G-C-C-C-G-A-A-T-G-A-A-T-A-T
A-T-A-T-A-T-C-G-G-G-C-T-T-A-C-T-T-A-T

A, G, C, Tと省略される小分子（ヌクレオチド）をつなげてできたひも状の分子。
AとT、GとCはお互いに引き寄せ合い、水素結合を形成し、DNAは2本の鎖が引き寄せ合った形で存在する。

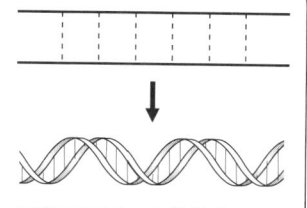

実際のDNAの立体構造は、平面ではなく二重らせん状になっている。

（注）"genome"という用語には"gene（遺伝子）"の"-ome（全体）"という意味が込められています。ちなみに「プロテオーム（proteome）」とはタンパク質（protein）の全体（-ome）を意味する用語として、1995年にMarc R. Wilkins博士によって提唱されました。

第7幕　DNAの姿

第7幕のまとめ

●核酸はヌクレオチドをつなげてできた鎖状の分子で、ヌクレオチドを"ビーズ"とすれば、核酸はビーズをつなげた"ネックレス"のような分子といえる。

●核酸にはデオキシリボ核酸（DNA）とリボ核酸（RNA）の2種類がある。

●DNAには、タンパク質の設計情報がかき込まれてあり、精子と卵の核に詰め込まれて世代から世代へと引き渡されていく。

●ヒトでは、精子と卵の核の中にそれぞれ約1.5mものDNAが詰め込まれている（3×10^9個のヌクレオチドの対でできている）。精子と卵が合体して受精卵になるときにそれぞれのDNAが持ち込まれるので、ヒトの細胞には合計3mものDNAが詰め込まれる。

●DNA2本鎖は、ヒストンという"糸巻き"のようなタンパク質にくるまれて、コンパクトに凝縮されている。このようにして凝縮されたDNAは、染色体と呼ばれる。

●DNAのヌクレオチド配列は、基本的には人類共通であるが、完全に同じではなく、約1000ヌクレオチドに1個の割合で個人差がある。

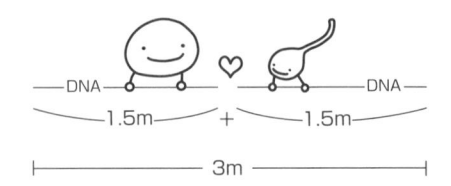

楽屋裏
ミニ遺伝学事典

1.「遺伝」と「遺伝子」

　生物は、それぞれ特有のからだの形や性質を持っています。たとえば目の色や髪の色、花の色や豆の形、そういった生物の特徴を生物学では「形質（character）」といいます。

　ゾウはゾウの特徴があり、カエルにはカエルの特徴があるわけですが、「カエルの子はカエル」という言葉が端的に示すように、生物の形質のいくつかは、親から子に伝えられます。親の形質が子に伝わる現象を「遺伝（inheritance）」といいます。

　生物の形質はどのようにして子に伝わるのでしょうか。いいかえれば、子が親に似るのはなぜでしょうか。この問題を初めて科学的に取り扱ったのが、オーストリアの修道士グレゴール・ヨハン・メンデル（Gregor Johann Mendel, 1822-1884）です。メンデルは、エンドウ豆の形や色などの形質を決めるなんらかの粒子の存在を想定し、遺伝の法則を発見しました（1865年）。その法則については次の項目で述べますが、メンデルが想定していた粒子は、後に「遺伝子（gene）」と名付けられ、その化学的な実体はDNAであることがわかりました（1940年代）。そして、DNAが持っている遺伝情報が、タンパク質やRNAとして発現するしくみが明らかにされたのは、メンデルの遺伝法則の発表からちょうど1世紀を経た1965年のことでした。

　つまり「遺伝子」は、抽象的には「生物の形質を規定し、子孫に伝わる因子」で、その実体は「DNAの中でタンパク質やRNAの設計情報を担う部分」と定義されるに至ったのです。

◆ミニ事典◆

「遺伝」の定義	親の形質が子に伝わる現象
「遺伝子」の抽象的な定義	生物の形質を規定し、子孫に伝わる因子
「遺伝子」の具体的な定義	DNAの中でタンパク質やRNAの設計情報を担う部分

2.「遺伝子型」と「表現型」

　メンデルはエンドウ豆の色や形などの形質がどのように遺伝するかを説明するために、豆の色や形を規定する粒子を想定し、これを「因子（element）」と呼びました。今ではこの因子は「遺伝子（gene）」と呼ばれています。メンデルのアイデアによれば、「豆の形」という形質の遺伝は次のように説明されます。
　（1）豆の形を丸形に規定する遺伝子を「R（Round）」とする。豆の形をしわしわに規定する遺伝子を「r」とする。
　（2）豆の形を規定する遺伝子（Rかr）が配偶子（子孫をつくる細胞、生殖細胞〔後述〕）に1つずつ入る（分離の法則）。
　（3）受粉のときには、これらの遺伝子が1つずつ持ち寄られる。
　（4）この時、遺伝子の組み合わせ（遺伝子型）が「RR」という組み合わせになれば、子の豆の形（表現型）は「丸形」に規定される。遺伝子型が「rr」という組み合わせになれば、子の表現型は「しわ形」に規定される。
　（5）遺伝子型が「Rr」という組み合わせになると、「R」の影響が「r」に打ち勝つので、子の表現型は「丸形」に規定される（顕性の法則）。
　「RR」や「rr」、「Rr」と書き表されるような、個体における遺伝子の組み合わせを「遺伝子型（genotype）」といいます。一方、「丸い」とか「しわしわである」という表面に出る形質のタイプを「表現型（phenotype）」といいます。
　さて、上の例では「R」遺伝子は「r」遺伝子に比べて形質として現れやすいわけですが、このとき、「R」遺伝子は「r」遺伝子に対して「顕性（dominant）」である、もしくは「r」遺伝子は「R」遺伝子に対して「潜性（recessive）」である、といいます。
　ヒトの単一遺伝子疾患（p.174参照）の多くは潜性の遺伝子によるもので、父方と母方の両方から引き継がない限り病気としては発症に至りません。
　なお、メンデルが発見したのは、遺伝子型が表現型に直結するような場合の遺伝法則でしたが、多くの場合は遺伝子型だけでは表現型は決まらず、さまざまな環境因子が働くことによって表現型が決まります。
　（注）　通常顕性遺伝子は英字大文字で、潜性遺伝子は英字小文字で表します。
　また、"dominant" は「優性」、"recessive" は「劣性」と長年訳されてきましたが、これらの用語に優劣の価値観はないため、2017年に日本遺伝学会により「顕性」と「潜性」に改訂され、中学と高校の教科書でも2021年以降改訂されました。

●メンデルが考えたこと

代々丸い豆をつくる豆にはRという因子が2つ入っている

代々しわ形の豆をつくる豆にはrという因子が2つ入っている

因子Rは配偶子に分離して詰め込まれる

因子rは配偶子に分離して詰め込まれる

（分離の法則）

配偶子が合体して子ができる

因子Rとrは配偶子に分離して詰め込まれる

因子Rの影響は因子rの影響に打ち勝つので豆の形は丸くなる

（顕性の法則）

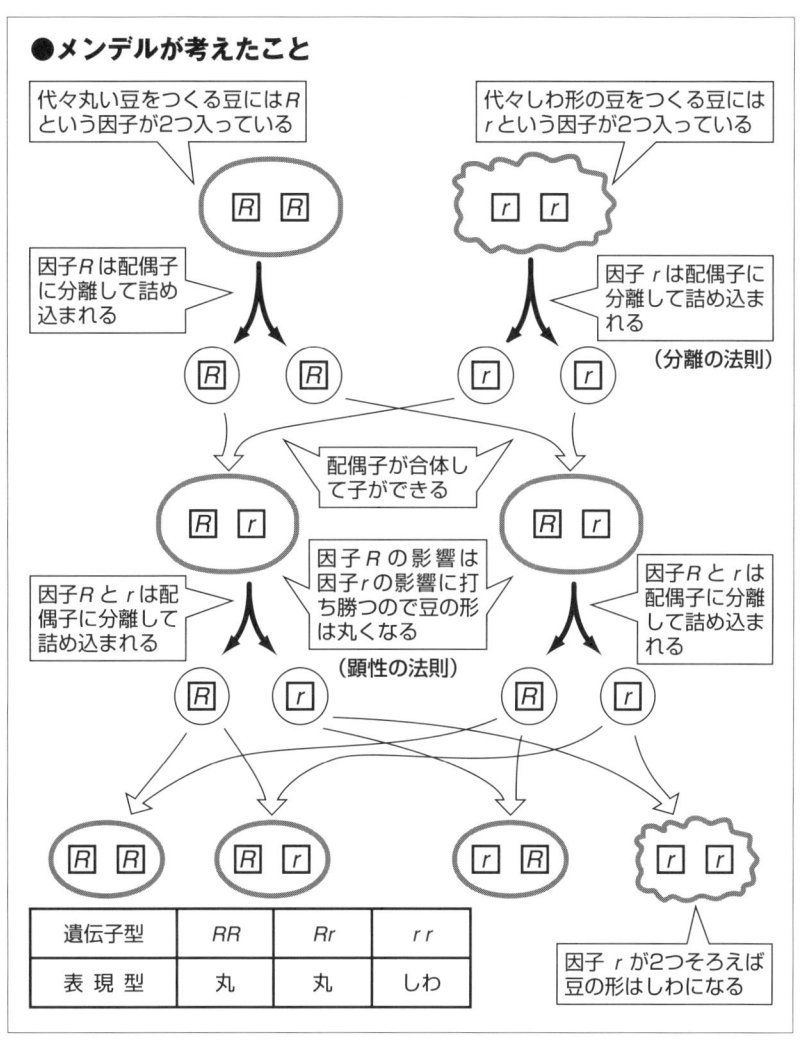

因子Rとrは配偶子に分離して詰め込まれる

因子rが2つそろえば豆の形はしわになる

遺伝子型	RR	Rr	rr
表現型	丸	丸	しわ

◆ ミニ事典 ◆

遺伝子型　個体における遺伝子の組み合わせのタイプ

表現型　　表面に見える形質のタイプで、遺伝子型と環境因子の相互作用によって決まる

顕性遺伝子　形質として顕在化しやすい遺伝子（1つでもあれば形質として表れる）

潜性遺伝子　顕性遺伝子の存在下では、形質として表れない遺伝子（2つそろって初めて形質として表れる）

● 「遺伝」するのは「遺伝子」だけ？

「子が親に似るのは、遺伝子（DNA）が親から子に伝わるからだ」というのは、現代生物学の常識になっています。しかし、遺伝する形質の情報のすべてをDNAが担っているのでしょうか。

たとえば、からだの細胞1つあたりの染色体（項目4.を参照）の数は、ヒトでは46本、チンパンジーでは48本といった具合に、それぞれの生物種で固有の数で「遺伝する形質」にほかなりません。しかし、「染色体の数」という極めて基本的な形質の情報がDNAのヌクレオチド配列に書き込まれているという証拠はありません（江上不二夫 「生命を探る」第二版 岩波新書、1980年）。

また、そもそも遺伝子（DNA）だけでは何もできません。DNAを取り囲むさまざまなタンパク質やRNA分子があって初めて、DNAに書き込まれた情報が形質として発現します。つまり、遺伝するのはDNAだけでなく、DNAとDNAを取り囲むさまざまな分子たちとのダイナミックな相互関係なのです。

3.「生殖細胞」と「体細胞」

私たちヒトをはじめとする「多細胞生物」の多くは雄（オス）と雌（メス）とがあり、雄由来の「精子」と雌由来の「卵細胞」を合体（受精）させることによって子孫を残していきます。

多細胞生物の細胞のうち、精子（植物ならば花粉）と卵細胞を「生殖細胞」といい、生殖細胞以外の細胞を「体細胞」といいます。DNAの立場から見れば、「生殖細胞は子孫にDNAを遺す細胞、体細胞はDNAを子孫に遺さない細胞」となります。

◆ミニ事典◆
細胞は生殖細胞と体細胞に分類できる
生殖細胞（精子と卵）はDNAを子孫に遺す
体細胞はDNAを子孫に遺さない

4.「常染色体」と「性染色体」

p.94で詳しく説明しましたが、DNAは、ヒストンなどのタンパク質によってコンパクトに凝縮して存在しています。これを染色体といいます。ヒトの生殖細胞の中には、大きさの順に1番から22番まで番号がつけられた22本の「常染色体（autosome）」と、1本の「性染色体（sex chromosome）」があります[*]。

ヒトの性染色体にはX染色体とY染色体とがあって、卵細胞の中には常にX染

●染色体に関する基礎用語

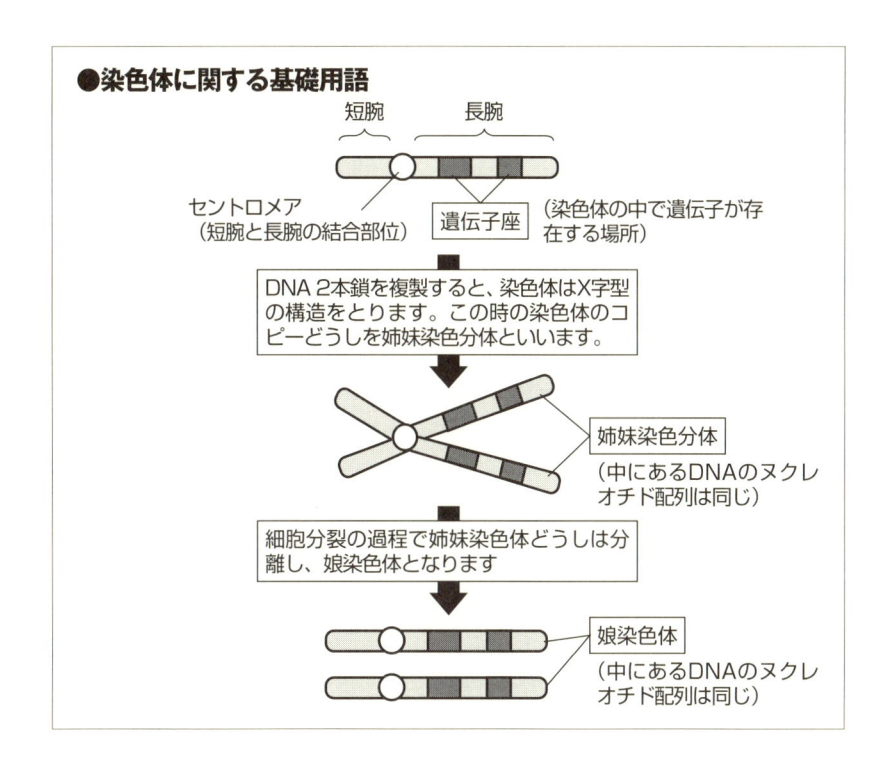

短腕　長腕

セントロメア（短腕と長腕の結合部位）
遺伝子座（染色体の中で遺伝子が存在する場所）

↓

DNA 2本鎖を複製すると、染色体はX字型の構造をとります。この時の染色体のコピーどうしを姉妹染色分体といいます。

↓

姉妹染色分体（中にあるDNAのヌクレオチド配列は同じ）

↓

細胞分裂の過程で姉妹染色体どうしは分離し、娘染色体となります

↓

娘染色体（中にあるDNAのヌクレオチド配列は同じ）

色体1本が入っているのに対して、精子の中にはX染色体かY染色体のどちらか1本が入っています。そして、卵細胞と精子が合体するときに、精子がX染色体を持ち寄ると女児が生まれ、精子がY染色体を持ち寄ると男児が生まれるのが原則です。

◆ミニ事典◆

染色体　　DNAをヒストンなどのタンパク質によってコンパクトに包んだもの。DNAをテープとすれば、カセットテープに相当するのが染色体。

ゲノム　　生殖細胞の中にあるDNA（染色体）のすべて

ヒトゲノム　22本の常染色体と1本の性染色体

性染色体　ヒトの場合、卵細胞内のX染色体と、精子内のX染色体が合わさると女児が生まれる。卵細胞内のX染色体と、精子内のY染色体が合わさると男児が生まれる。

＊　ヒトの体細胞には、形と大きさが同じ染色体（相同染色体、項目5.参照）が対になって、22対の常染色体と1対の性染色体が入っています。

5.「相同染色体」と「対立遺伝子」

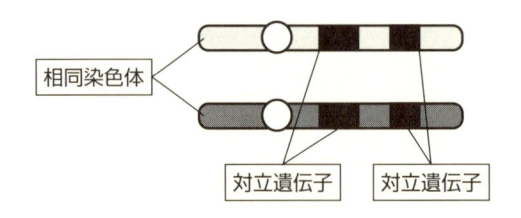

　精子が持ち寄る染色体と、卵細胞が持ち寄る染色体のうち、形と大きさが同じものを「相同染色体（homologous chromosomes）」といいます。たとえば、父由来の第9染色体と母由来の第9染色体とは、互いに相同染色体です。

　相同染色体における DNA のヌクレオチド配列はほとんど同じなのですが、完全に同じというわけではありません（p.96）。したがって、父由来の染色体上にある遺伝子と、母由来の相同染色体の同じ位置にある遺伝子とでは、ヌクレオチドの配列が少しずつ異なることが多々あります。相同染色体上の同じ位置にあって、互いにヌクレオチド配列が異なる遺伝子を「対立遺伝子（allele）」といいます。

　たとえば、血液型をＡ型に規定する遺伝子やＢ型に規定する遺伝子は第9染色体の特定の位置にあって、互いに対立遺伝子の関係にあります。

◆ミニ事典◆
　相同染色体　父方母方から由来した、形と大きさの等しい1対の染色体
　対立遺伝子　相同染色体上の同じ位置にあって、互いにヌクレオチド配列に違いがある遺伝子

●相同染色体と対立遺伝子

▶形と大きさが同じで片方は父に由来し、片方は母に由来する染色体を相同染色体といいます。
　中にあるDNAのヌクレオチド配列は、お互いに似ていますがそれぞれ少しずつ異なります。
▶相同染色体上の同じ位置にあって互いにヌクレオチド配列の異なる遺伝子を対立遺伝子といいます。

6．「体細胞分裂」と「減数分裂」

　精子と卵細胞が合わさると受精卵ができます。私たちのからだは、この受精卵が分裂を重ねてできた体細胞たちでできています。これらの細胞を生みだす細胞分裂を体細胞分裂（somatic division, mitosis）といいます。体細胞分裂においては、もとの細胞と同じDNAのセットが2つになる細胞に等しく配分されます（p.106 図参照）。

　一方、新たな生殖細胞を生みだす細胞分裂を減数分裂（meiosis）といいます（p.107 図参照）。減数分裂では1回のDNA複製に続く2回の細胞分裂によって、1個の細胞（生殖原細胞）から4個の生殖細胞を生みだします。その過程は次のようになります。

（1）DNA量を2倍に複製する

　この時、細胞あたりのDNA量は2倍になりますが、染色体の本数は変わりません（ヒトでは46本）。

（2）相同染色体をペアで結合させる（対合）

　X染色体とY染色体とはお互いに相同染色体ではありませんが、1部相同な部分があり、対合させることができます。

（3）ペアになった相同染色体どうしで、相同染色体の1部を交換する（交叉）

　この過程は、多様な遺伝子の組み合わせを生みだす生物学的に極めて重要な過程です。

（4）新しく組み換わった相同染色体のペアを分離させ、2つになる細胞に分配する（第1分裂）　この時、細胞あたりの染色体の本数は半分になります（ヒトでは23本）。

（5）さらに染色体を分離させ、2つになる細胞に分配する（第2分裂）

　この過程で染色体の本数は変わりませんが（ヒトでは23本）、染色体内のDNA量は半減します。

　（注）「遺伝子型（genotype, p.100）」、「遺伝子座（locus, p.103）」、「対立遺伝子（allele, p.104）」は、2017年に日本人類遺伝学会によりそれぞれ「遺伝型」、「座位」、「アレル」と訳語が改訂されました。いずれの用語も「遺伝子が定義される前から存在」する用語で、「本来の抽象的な定義にもどす」というのが改訂の主旨です。しかしこれらの訳語ははじめて学ぶ際にはわかりにくく、また中学と高校の教科書などにも浸透していないため、本書では従来の表記のままとしました。（2024年12月追記）

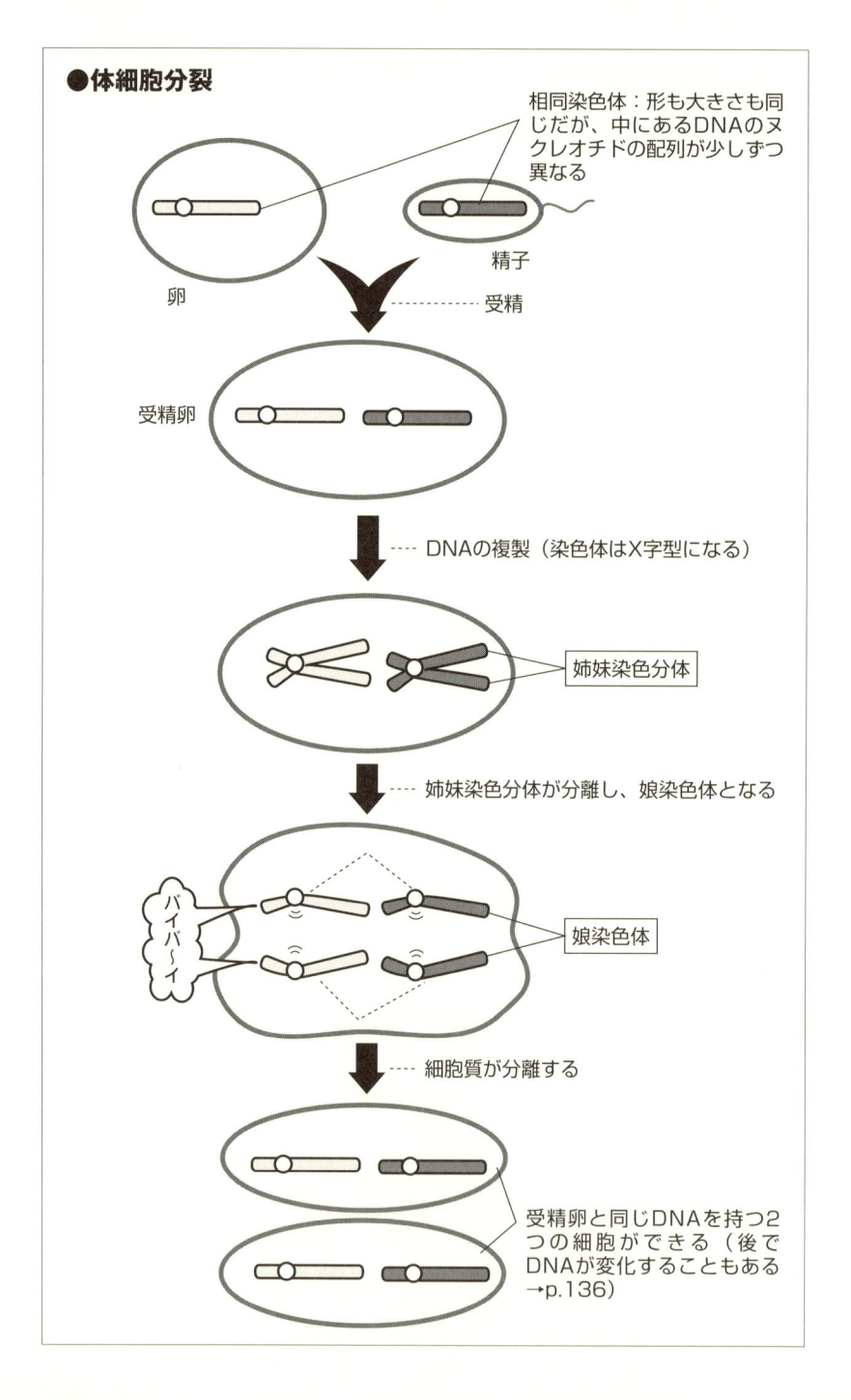

● **体細胞分裂**

相同染色体：形も大きさも同じだが、中にあるDNAのヌクレオチドの配列が少しずつ異なる

卵　　精子

受精

受精卵

DNAの複製（染色体はX字型になる）

姉妹染色分体

姉妹染色分体が分離し、娘染色体となる

バイバ〜イ

娘染色体

細胞質が分離する

受精卵と同じDNAを持つ2つの細胞ができる（後でDNAが変化することもある →p.136）

●減数分裂

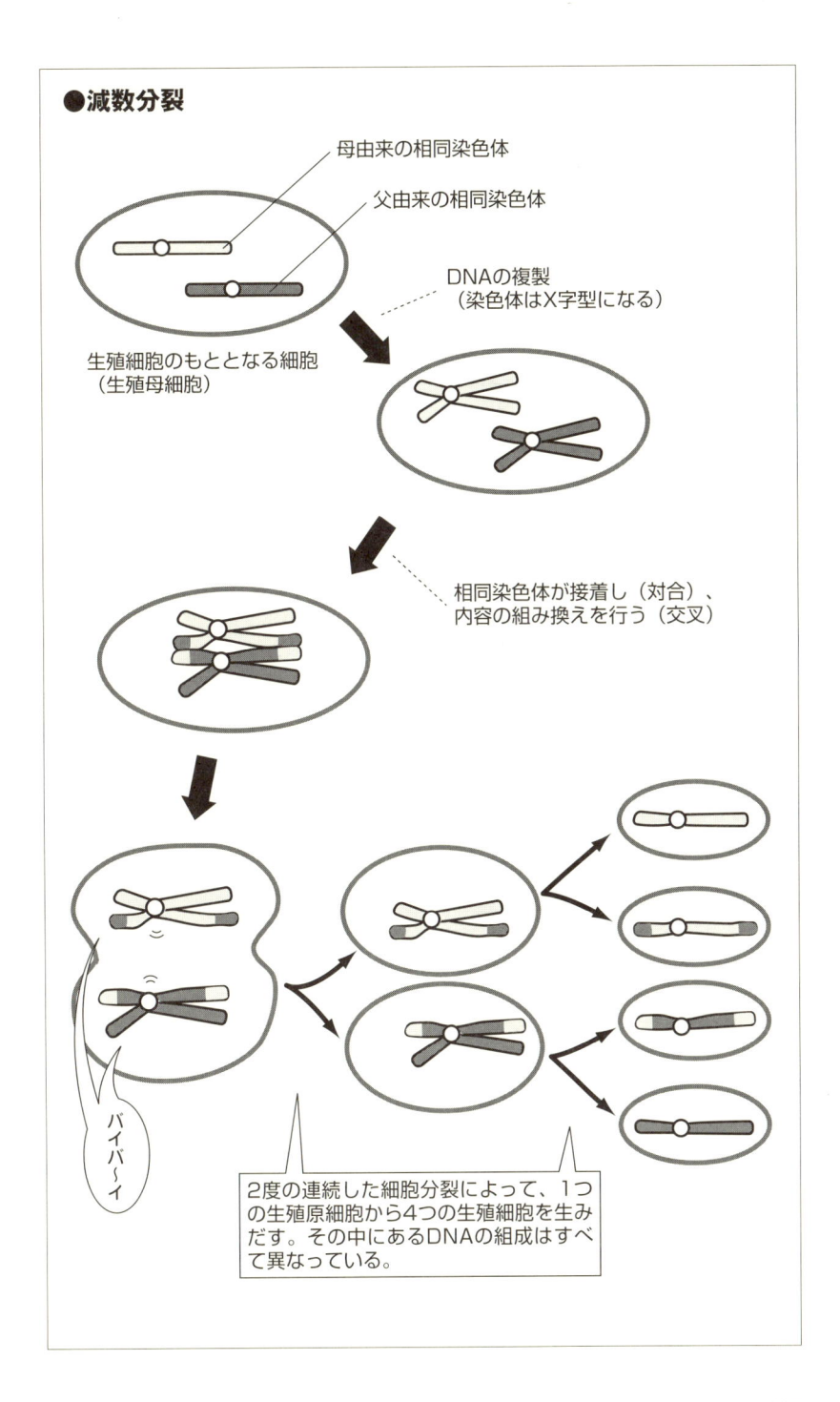

母由来の相同染色体
父由来の相同染色体

生殖細胞のもととなる細胞
（生殖母細胞）

DNAの複製
（染色体はX字型になる）

相同染色体が接着し（対合）、
内容の組み換えを行う（交叉）

バイバ〜イ

2度の連続した細胞分裂によって、1つの生殖原細胞から4つの生殖細胞を生みだす。その中にあるDNAの組成はすべて異なっている。

7. 減数分裂の生物学的な意義

　減数分裂の意義は、染色体数（DNA量）が体細胞の半分の量の生殖細胞を生みだすことです。もしそうでなければ、受精のたびに受精卵の染色体数（DNA量）は2倍になってしまいます。しかし、減数分裂の最も重要な意義は「遺伝的に変化に富んだ生殖細胞を生みだす」ということです。

　減数分裂の過程では、複製した母方染色体と父方染色体が、1本ずつ選びだされて生殖細胞が生まれます。その分配のやり方は基本的にランダムです。

　たとえば、ヒトの体細胞には23対の染色体がありますが、その中から、1番染色体は母親由来、2番染色体は父親由来……と選びだすやり方は、2の23乗（およそ840万）通りになります。いいかえれば、同じ染色体のセットの生殖細胞ができる可能性は840万分の1の確率ということになります。さらに相同染色体どうしで行われる交叉というしくみによって、同じ染色体のセットの生殖細胞ができる可能性は事実上ゼロになってしまうのです。

◆ミニ事典◆

体細胞分裂　体細胞を生みだす細胞分裂。分配されるDNAの量も内容も、もとの細胞のDNAと原則的には同じ。

減数分裂　生殖細胞を生みだす細胞分裂。分配されるDNAの量は、もとの細胞のDNAの半分。遺伝的にまったく同じ生殖細胞が生まれる確率はほぼゼロ

第8幕
DNAを複製する

　精子と卵とが合体すると受精卵になり、新たな生命体が生まれます。私たちのからだの細胞たちは、たった1個の受精卵が分裂を重ねてできた細胞たちにほかなりません。

　精子と卵の中には、それぞれ1.5mにもおよぶDNA 2本鎖が入っていて、精子と卵が合体して受精卵になるときにそれぞれのDNA 2本鎖が持ち寄られます。そして、200分の1mm程度の核の中に合計3mにも及ぶDNA 2本鎖が、46本の染色体という形で詰め込まれるのです。

　やがて、受精卵が2倍に分裂するときには、このDNA 2本鎖が2倍にコピー（複製）されて、2つになろうとする細胞たちどうしで等しく配分されます。こうして生まれた細胞が再び分裂するときには、再びすべてのDNA 2本鎖がコピーされて、新しく生まれる細胞どうしで配分されていきます。

　第8幕ではDNAの2本鎖を2倍にコピーするしくみ、つまり複製のしくみをお話しします。

scene 8.1 DNAを複製するしくみ

　DNA2本鎖を2倍に複製するしくみは原理的には単純です。
　まず、チャックを開けるようにしてDNAの2本鎖を引き離して、そして1本鎖となったそれぞれのDNAをネガとして、それぞれにポジの1本鎖DNAを新たにつくっていくのです。
　DNAの材料である4種類のデオキシリボヌクレオチド（A、G、C、T）は、細胞の中の水に溶けてふらふらと泳いでいるのですが、DNAの2本鎖をヘリカーゼというタンパク質が引き離すと、1本鎖となったDNA（ネガ）のAにはTが、GにはCが、CにはGが、TにはAが吸い寄せられて結合します。こうして吸い寄せられたヌクレオチドは、DNAポリメラーゼ（DNA合成酵素）というタンパク質の働きで1列につながり、新たな1本鎖DNA（ポジ）ができます。つまり、新たなDNA2本鎖が2組できるのです。このようなコピーのしかたを「半保存的複製」といいます。新しくできるDNA2本鎖の半分は、古いままの1本鎖DNAが保存されているからです。
　では、Scene8.2でDNAを複製するしくみをもう少し詳しく見ていきましょう。

細胞劇場

DNA 2本鎖を複製する

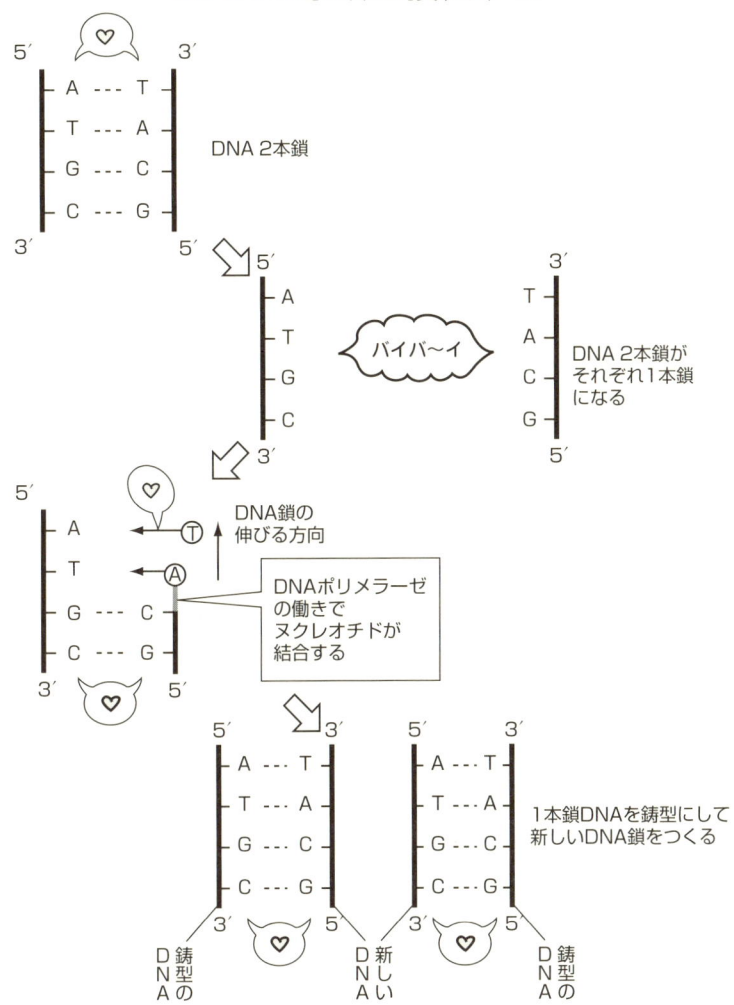

DNA 2本鎖

DNA 2本鎖がそれぞれ1本鎖になる

バイバ〜イ

DNA鎖の伸びる方向

DNAポリメラーゼの働きでヌクレオチドが結合する

1本鎖DNAを鋳型にして新しいDNA鎖をつくる

　細胞が2つに分裂して増えるときには、同じDNA2本鎖を2倍に増やしておいてから、分裂する細胞どうしで2倍に増えたDNA2本鎖を配分します。
　DNA2本鎖を2倍に増やすときには、まずチャックを開くようにDNA2本鎖をほどきます。ほどけた1本鎖DNA（ネガ）のAにはTが、GにはCが、CにはGが、TにはAが吸い寄せられて結合します。こうして吸い寄せられたヌクレオチドを、DNAポリメラーゼが1列につなげて新たな1本鎖DNA（ポジ）をつくっていきます。

scene 8.2 DNA複製の進む方向

　DNAの複製は「複製起点」という場所から始まります[*1]．複製の第1段階は、複製起点からヘリカーゼがDNA 2本鎖を1本鎖にほどくことです。ここでチャックの中央にある2つの金具をそれぞれ両方向に引っ張る場面を想像してください。DNA 2本鎖をチャックとすれば、ヘリカーゼはチャックをほどく金具のようなタンパク質です。つまり、2つのヘリカーゼ（チャックを開く金具）が複製起点からそれぞれ両方向に進んでDNA 2本鎖（チャック）を1本鎖にほどくのです。

　複製の第2段階は、ヘリカーゼによってほどかれたDNA 1本鎖を鋳型として、DNAポリメラーゼが新たなDNAを合成していくことです。ここで注意するべき事があります。それは、DNAポリメラーゼは新たなDNAを5′から3′の方向にしか伸ばせないということです（5′、3′についてはp.93参照）。つまり、DNAの複製は5′から3′の方向にしか進まないのです。

　ところが、ヘリカーゼがDNA 2本鎖をほどくときに露出するDNA 1本鎖は、右の図に示したように3′から5′の方向に露出するものと、5′から3′の方向に露出するものがあります。3′から5′の方向に露出するDNA 1本鎖を鋳型とする場合には、DNAの複製は5′から3′の方向へ連続的に進みますが（→）、5′から3′の方向に露出するDNA 1本鎖を鋳型とする場合には、DNAの複製は連続的に進みません（→）。

　この場合には、まずヘリカーゼが100～200ヌクレオチド分の鋳型DNAを露出してから、DNAポリメラーゼが5′から3′の方向へ新たなDNAを合成し、またヘリカーゼが100～200ヌクレオチド分の鋳型DNAを露出してから、DNAポリメラーゼが5′から3′の方向へ新たなDNAを合成し……ということをくり返していくのです。このようにして断続的に合成されたDNA断片は「岡崎断片（岡崎フラグメント）」と呼ばれ、DNAリガーゼというタンパク質によってつなぎ合わされます[*2]．

細胞劇場

DNAの複製（もっとくわしく）

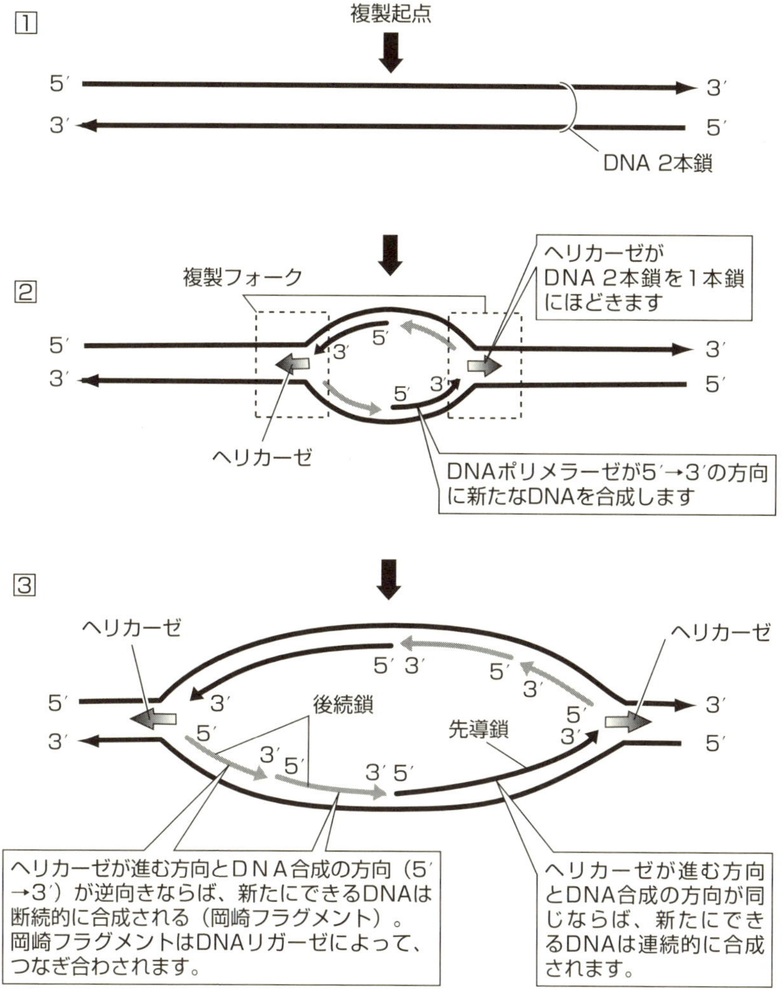

①

複製起点 ↓

5′ ────────────────→ 3′
3′ ←──────────────── 5′

DNA 2本鎖

↓

②

複製フォーク

ヘリカーゼがDNA 2本鎖を1本鎖にほどきます

ヘリカーゼ

DNAポリメラーゼが5′→3′の方向に新たなDNAを合成します

↓

③

ヘリカーゼ　　　　　　　　　　　　　　　ヘリカーゼ

後続鎖　　　先導鎖

ヘリカーゼが進む方向とDNA合成の方向（5′→3′）が逆向きならば、新たにできるDNAは断続的に合成される（岡崎フラグメント）。岡崎フラグメントはDNAリガーゼによって、つなぎ合わされます。

ヘリカーゼが進む方向とDNA合成の方向が同じならば、新たにできるDNAは連続的に合成されます。

＊1　複製起点は細菌などの原核細胞のDNAでは通常1か所ですが、真核細胞のDNAでは複数個あります。

＊2　連続的に合成されるDNA鎖を先導鎖（リーディング鎖；leading chain）といい、断続的に合成された後でつなぎ合わされるDNA鎖を後続鎖（ラギング鎖；lagging chain）といいます。

もっとくわしく　DNA合成の導火線

　これまでお話してきたように、DNAポリメラーゼはDNA1本鎖の3'末端に新たなデオキシリボヌクレオチドをつなげることでDNAを伸ばしていく酵素ですが、実は「伸ばすべき1本鎖の核酸」が与えられないと、DNAポリメラーゼは新たなDNAを合成することができません。つまり、ヘリカーゼがDNA2本鎖を1本鎖にほどいただけでは、DNAポリメラーゼは新たなDNAを合成することができないのです。

　ここでRNAプライマー（primer）という「伸ばすべき1本鎖の核酸」が必要になります。プライマーとは「導火線」という意味で、DNAの合成もRNAプライマーの合成を「導火線」として開始するのです。

　RNAプライマーは、RNAプライマーゼという酵素によって合成されます。RNAプライマーゼは、ヘリカーゼによってほどかれたDNA1本鎖のうち、10ヌクレオチド程度の部分を鋳型として、RNAプライマーを合成します。すると、DNAポリメラーゼがRNAプライマーの3'末端に新たなデオキシリボヌクレオチドをつなげてDNAを合成するのです。DNAの合成が進むと、RNAプライマーの部分はRNase（リボヌクレアーゼ、RNアーゼ）という酵素によって分解され、DNAに置き換わります。

　DNAの合成は、ヘリカーゼ、RNAプライマーゼ、DNAポリメラーゼ、RNaseといったさまざまなタンパク質たちによって営まれるドラマなのです。

Tea Room [ティールーム] ヒトのDNAとチンパンジーのDNAの違いは？

　私たちのからだのDNAの中には、いったいどのような情報が書き込まれているのでしょうか。それは生きものをつくりだすための情報であり、生きものはその情報を子孫に伝えていく、といわれています。

　しかし、いったいどのようなしくみによって、DNAに蓄えられた情報から生きものがつくられるのでしょうか。それについては、たった１つの細胞だけで生きていく大腸菌に関しても、まだわからないことだらけです。ただ、はっきりとわかっているのは、DNAには「タンパク質のつくりかた」という情報がかき込まれている、ということです。タンパク質こそ、細胞の最も主要な成分であり、生命活動の最も主要な担い手です。そして、DNAの情報を読み取ってタンパク質をつくる基本的なしくみは、すべての生きもので共通で、「大腸菌での真実は、ゾウでも真実である」という名言が残されているほどです（ジャック・モノー、Jacques Monod, 1910～1976）。大腸菌は大腸菌独自のDNAの情報を読み取って独自のタンパク質をつくりだし、ゾウはゾウ独自のDNAの情報を読み取って独自のタンパク質をつくりだすのです。やがて、DNAの違いこそが大腸菌とゾウとの違い、つまり生物種（species）の違いを生み出す、と考えられるようになりました。

　しかし、本当にDNAの違いだけが生物種の違いを生み出すのでしょうか。たとえば、ヒトのDNAとチンパンジーのDNAとの間では、暗号文字（ヌクレオチド）の並び方にほとんど差がないということが2002年に報告されました（Science 2002；295：131.）。その差は１～２％の違いでしかないと算出されていますが、たったこれだけの違いだけが本当にヒトとチンパンジーの違いをもたらすのでしょうか。その答えは、まだ誰も知りません。

第9幕
遺伝子から
タンパク質へ

　第8幕では、1つ1つの細胞に詰め込まれたDNAが複製されていく様子を見てきましたが、このDNAには「タンパク質のつくり方」という情報を担った部分があります。これを遺伝子といいます。DNAを"テープ"に見立てれば、情報を担う部分、すなわち"録音された部分"に相当するのが遺伝子です。
　第9幕では、生きものが遺伝子の情報を読み取ってタンパク質をつくるプロセスを見ていきます。

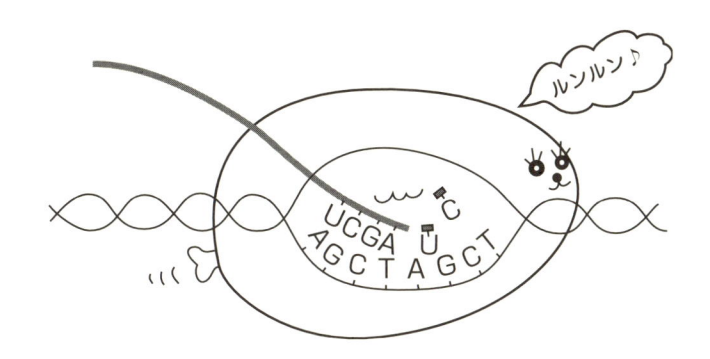

scene 9.1 遺伝子って何？

　長いDNA分子には「タンパク質のつくり方」という情報を担う部分があって、この部分を遺伝子（gene）と呼びます。

　生きものは、原核生物と真核生物に分けられるという話をしましたが（p.88参照）、原核生物と真核生物のどちらも遺伝子の化学的な実体はDNAです。しかし、構造には違いがあります。たとえば、たった1個の細胞だけで生きていくことができる細菌（原核生物）では、DNAのほとんどの部分が、なんらかのタンパク質の設計情報を担っています。これに対して私たちヒト（真核生物）では、タンパク質の設計情報を担っているのは、長いDNAのうち飛び飛びの部分です。しかも、その飛び飛びの部分の合計の長さは、長く見積もってもDNA全体の2〜3％の長さにしかなりません。つまり、ヒトの精子や卵が持ち寄る1.5 mのDNAのうち、タンパク質の設計情報がかき込まれている遺伝子部分は、せいぜい3〜4.5 cm程度でしかないのです。

　遺伝子以外の領域のDNAにはどのような意味があるのか、あるいは何の意味もないのかどうかは、まだわかっていません*。

> へえ、DNAの97％以上の部分って意味がまだわかっていないんだ！

＊　情報を持たない（遺伝子ではない）と現時点で考えられている部分のDNAは、ジャンクDNAと呼ばれています（大野乾博士）。ジャンクとは「がらくた」という意味ですが、もう1つ「ほぐしてほかの用途に使う古綱の切れ端」という意味があります。ジャンクDNAも、たんなる「がらくた」というよりは、きっとなんらかの用途に使われる手綱のようなものなのかもしれません。その1つの例として遺伝子発現の制御に関与する領域が存在していることがわかってきていますが、ジャンク用途の研究こそ、これからの研究課題の1つです。ジャンクDNAについては、p.142にまとめました。

scene 9.2 タンパク質を設計する暗号

　さて、具体的にはDNAはどのようにしてタンパク質の設計情報を担うのでしょうか。

　DNAは4種類のデオキシリボヌクレオチド（A・G・C・T）を1列につなげてできたネックレスのような分子でした。別の比喩でいえば、DNAは4種類の暗号文字を並べた分子ということもできます。一方、タンパク質は20種類のアミノ酸を1列につなげてできた分子です。

　細胞の中では、DNAの暗号文字（4種類のデオキシリボヌクレオチド）のさまざまな並びを、3つずつ区切って読んでアミノ酸の並びに変えることが行われています。

　たとえば、

$$-A-T-G-C-C-C-G-T-A-T-G-A-$$

という暗号文字の並びがあったとしましょう。はじめの「-A-T-G-」という3つの暗号文字の並びは、タンパク質の合成を開始する合図になると同時に**メチオニン**というアミノ酸を持ってくる合図になります。また、「-C-C-C-」という3つの暗号文字の並びは**プロリン**というアミノ酸を持ってきてつなげる合図に、「-G-T-A-」という3文字の並びは**バリン**というアミノ酸を持ってきてつなげる合図になります。そして、「-T-G-A-」という3文字の並びは、タンパク質の合成を終了させる合図になります。つまり、

$$-A-T-G-C-C-C-G-T-A-T-G-A-$$

という暗号文字の並びは、**メチオニン-プロリン-バリン**というアミノ酸の並び、すなわちタンパク質に変換されるのです。

scene 9.3 タンパク質をつくるドラマの2大シーン

　今、DNAの暗号文字の並びをアミノ酸の文字の並び、すなわちタンパク質に変える基本的なしくみを見てきましたが、これからその具体的なドラマを見ることにしましょう。ドラマは大きく分けて2つのシーンからなります。

　ドラマの第1シーンは、長いDNAの中から必要な部分だけを写し取る場面で、転写（transcription）といいます。転写とは、本にかいてある文章の一部分を、似たような文字を使ってノートに写し取るようなものです。つまり、A・G・C・Tという4種類の文字（デオキシリボヌクレオチド）でかかれた文章（DNA）を、似たような文字（リボヌクレオチド）を使って写し取るのです。DNAの一部分を写し取ってできた分子をメッセンジャーRNA（mRNA）といいます。

　タンパク質をつくるドラマの第2シーンは、メッセンジャーRNAが担う情報を読み取ってアミノ酸をつなげていく場面で、翻訳（translation）といいます。「翻訳」とは、たとえば"pen"という文字の並びを「ふで」という文字の並びに換えるように、ある文章をまったく違う文字を使って別の言語にかき換えることです。分子生物学における「翻訳」も、4種類の文字（リボヌクレオチド）でかかれた文章（メッセンジャーRNA）を、まったく異なる文字（アミノ酸）を並べた文章（タンパク質）にかき換えるのです。

●分子生物学における転写と翻訳

DNA（使われる文字は4種類のデオキシリボヌクレオチド；A, G, C, T）
　↓ 転写
メッセンジャーRNA（使われる文字は4種類のリボヌクレオチド；A, G, C, U）
　↓ 翻訳
タンパク質（使われる文字は20種類のアミノ酸）

scene 9.4 タンパク質をつくるドラマの舞台

　DNAは核の中に閉じ込められていて、DNAの一部分を写し取る作業（転写）も核の中で行われています。すなわち、核はタンパク質の"設計図集"であるDNAを保管する"図書館"であると同時に、その情報を必要なときに写し取る（転写する）場でもあるわけです。

　核の中で必要なDNAの一部分を写し取ったコピー分子（メッセンジャーRNA）は核の外に運ばれて、核の外*でタンパク質づくり（翻訳）が行われます。大腸菌のような核がない細胞（原核細胞）の中では、転写と翻訳は同じ場所で同時に進められていきます。

*　細胞の外には出ないで、細胞質（細胞膜に包まれた核以外の部位）が翻訳の場になります。

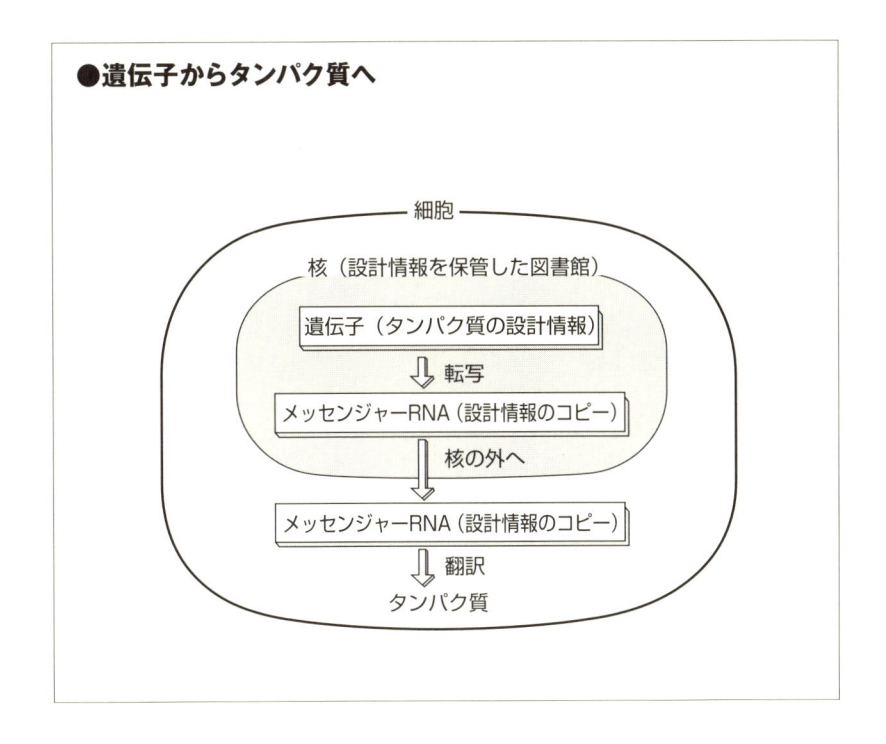

●遺伝子からタンパク質へ

```
細胞
 ┌─────────────────────────┐
 │ 核（設計情報を保管した図書館） │
 │  ┌─────────────────┐   │
 │  │ 遺伝子（タンパク質の設計情報） │
 │       ⇩ 転写
 │  │ メッセンジャーRNA（設計情報のコピー） │
 │       ⇩ 核の外へ
 │  │ メッセンジャーRNA（設計情報のコピー） │
 │       ⇩ 翻訳
 │        タンパク質
 └─────────────────────────┘
```

scene 9.5 遺伝子を写し取る

　長いDNAの中から、必要な部分だけを写し取る場面、まずドラマの第1シーン「転写」を見ていきましょう。

●転写の原理

1. チャックを開けるようにして、DNAの2本鎖を引き離します。
2. 1本鎖DNAから顔をのぞかせている塩基（凹）に、相補的な塩基（凸）を持つリボヌクレオチドを結合させます。
3. 1本鎖DNAに結合したリボヌクレオチドを1列につなげて、メッセンジャーRNAをつくります。

　以上の過程は、RNAポリメラーゼ（RNA合成酵素；RNA polymerase）によって営まれています。

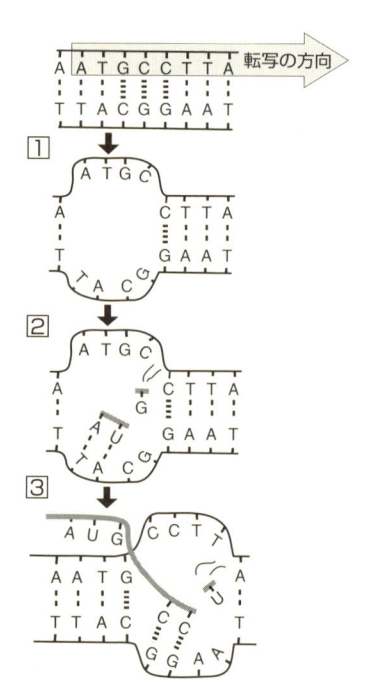

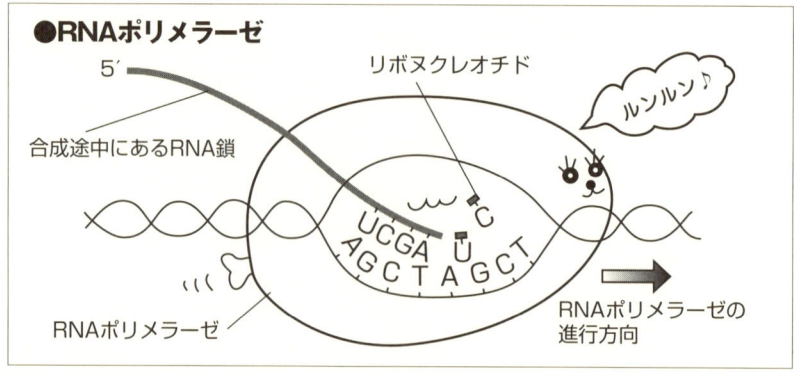

細胞劇場

DNAの転写

1 RNAポリメラーゼ「わくわく」
　転写開始部位　遺伝子　転写終結部位
　5′ ─────────────── 3′
　3′ ─────────────── 5′

2 「よいしょっと！」
　RNA合成（転写）開始！
　転写終結部位
　5′ ─────────────── 3′
　3′ ─────────────── 5′

3 合成中のRNA鎖　「ルンルン♪」
　5′ ─────────────── 3′
　3′ ─────────────── 5′

4 合成が完成したRNA鎖　「バイバイ」
　転写開始部位　遺伝子　転写終結部位
　5′ ─────────────── 3′
　3′ ─────────────── 5′

1 RNAポリメラーゼ（RNA合成酵素）が遺伝子の転写開始部位に近づく。

2～3 RNAポリメラーゼはDNAの2本鎖を開いて、片方のDNA鎖を鋳型としてリボヌクレオチドをつなげていく。

4 RNAポリメラーゼが転写終結部位に到着すると、完成したRNA鎖とRNAポリメラーゼはDNAから離れる。

scene 9.6 ドラマの第2シーン 〜翻訳

ヌクレオチド言語からアミノ酸言語へ

　DNAの暗号情報を読み取ってタンパク質をつくるドラマの第2シーンは、メッセンジャーRNAの暗号文字（リボヌクレオチド）の並びを、アミノ酸の並びに変える「翻訳」です。

　翻訳にあたって、メッセンジャーRNAの暗号文字の並びは、3文字ずつ区切って解釈されます。この3つの文字の並びは、まとまった暗号情報（コード）として解釈されるので、コドン（codon）と呼ばれています。

　たとえば「-A-U-G-」というコドンは、タンパク質合成を開始する合図になると同時に、メチオニンというアミノ酸を持って来る合図として解釈されます。また、「-C-C-C-」というコドンは、プロリンというアミノ酸を持ってきてつなげる合図として解釈されます。

　それぞれのコドンがどのアミノ酸を連れて来る合図になるかを示した表を右に示しましょう。この表はコドン表と呼ばれ、ほんのごくわずかの例外をのぞいて、地球上のすべての生きもので共通の表です。すべての生きもののコドン表が同じであるということは、すべての生きものが共通の先祖に由来することを示唆しています。

　ここで、1つのアミノ酸に対していくつかのコドンがあることに注目してください。たとえば、バリンというアミノ酸に対応するコドンは、「-G-U-U-」や「-G-U-C-」など複数個あります。DNAが放射線などの突然変異誘発物質で変化（変異）し、コドンの3番目のリボヌクレオチドがほかのリボヌクレオチドに置き換わってしまっても、アミノ酸の並びとしての情報をなるべく変えないようにするための、生きものの賢い業といえます。

表　メッセンジャーRNAの3文字の意味（コドン表）

1番目のリボヌクレオチド↓	2番目のリボヌクレオチド→ U	C	A	G	3番目のリボヌクレオチド↓
U	UUU ⎫ フェニル UUC ⎭ アラニン UUA ⎫ ロイシン UUG ⎭	UCU ⎫ UCC ⎬ セリン UCA ⎪ UCG ⎭	UAU ⎫ チロシン UAC ⎭ UAA*2 ⎫ 翻訳終了 UAG*2 ⎭	UGU ⎫ システイン UGC ⎭ UGA*2 翻訳終了 UGG トリプトファン	U C A G
C	CUU ⎫ CUC ⎬ ロイシン CUA ⎪ CUG ⎭	CCU ⎫ CCC ⎬ プロリン CCA ⎪ CCG ⎭	CAU ⎫ ヒスチジン CAC ⎭ CAA ⎫ グルタミン CAG ⎭	CGU ⎫ CGC ⎬ アルギニン CGA ⎪ CGG ⎭	U C A G
A	AUU ⎫ AUC ⎬ イソロイシン AUA ⎭ AUG* メチオニン	ACU ⎫ ACC ⎬ スレオニン ACA ⎪ ACG ⎭	AAU ⎫ アスパラギン AAC ⎭ AAA ⎫ リジン AAG ⎭	AGU ⎫ セリン AGC ⎭ AGA ⎫ アルギニン AGG ⎭	U C A G
G	GUU ⎫ GUC ⎬ バリン GUA ⎪ GUG ⎭	GCU ⎫ GCC ⎬ アラニン GCA ⎪ GCG ⎭	GAU ⎫ アスパラギン酸 GAC ⎭ GAA ⎫ グルタミン酸 GAG ⎭	GGU ⎫ GGC ⎬ グリシン GGA ⎪ GGG ⎭	U C A G

*1　AUGはタンパク合成、すなわち翻訳開始の合図として解釈されるので、「開始コドン」と呼ばれています。
*2　一方UAA、UGA、UAGは翻訳終了の合図として解釈されるので終止コドンと呼ばれています。
　この表が地球上の生物で共通の表であるという事実は、地球上に生きるすべての生きものが共通の先祖に由来することを示唆しています。

scene 9.7 翻訳にたずさわる役者たち① 〜運搬RNA

　メッセンジャーRNAのリボヌクレオチドの3つの並び（コドン）が1つのアミノ酸に対応することを見てきました。しかし、コドンに直接アミノ酸が近づくわけではありません。アミノ酸をメッセンジャーRNAのコドンまで運ぶ分子がいて、それを運搬RNA（transfer RNA, tRNA）といいます。

　運搬RNAがメッセンジャーRNAのコドンと結合する部分をアンチコドン（anticodon）といいます。コドンとアンチコドンとは、お互い引き寄せ合う凹凸の関係（相補的関係）にあります。たとえば「-A-G-C-」というコドンには、「-U-C-G-」というアンチコドンが結合するのです。

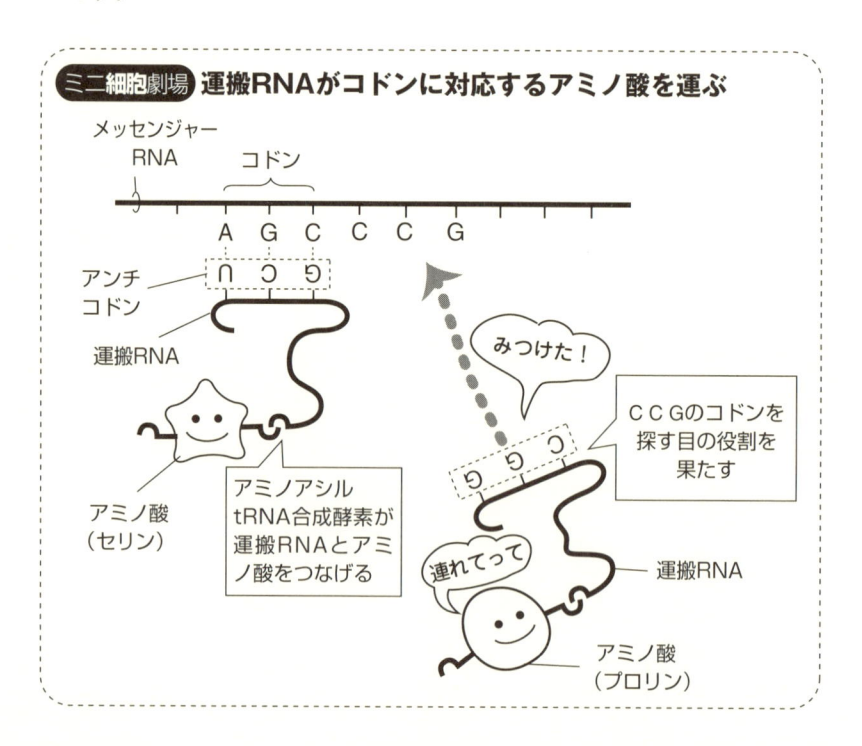

ミニ細胞劇場 運搬RNAがコドンに対応するアミノ酸を運ぶ

- メッセンジャーRNA
- コドン：A G C C C G
- アンチコドン：U C G
- 運搬RNA
- アミノ酸（セリン）
- アミノアシルtRNA合成酵素が運搬RNAとアミノ酸をつなげる
- みつけた！
- ＣＣＧのコドンを探す目の役割を果たす
- 連れてって
- 運搬RNA
- アミノ酸（プロリン）

scene 9.8 翻訳にたずさわる役者たち② ～アミノアシルtRNA合成酵素

　翻訳を正確に行うためには、アミノ酸を運ぶ運搬RNAとアミノ酸との対応関係が正確でなければなりません。タンパク質をつくるアミノ酸は20種類あるわけですが、そのそれぞれを対応した運搬RNA（tRNA）と正しく結合させるのが、アミノアシルtRNA合成酵素です。1つ1つのアミノ酸に対して、それぞれに対応する1種類のアミノアシルtRNA合成酵素があります。つまり20種類のアミノアシルtRNA合成酵素があるということです。もしこの酵素がいいかげんにアミノ酸と運搬RNAを結合させれば、コドンとアミノ酸との対応はでたらめになってしまうので、メッセンジャーRNAの情報が誤って翻訳されることになり、正しいタンパク質はできなくなってしまうのです。

ミニ細胞劇場 運搬RNAとアミノアシルtRNA合成酵素

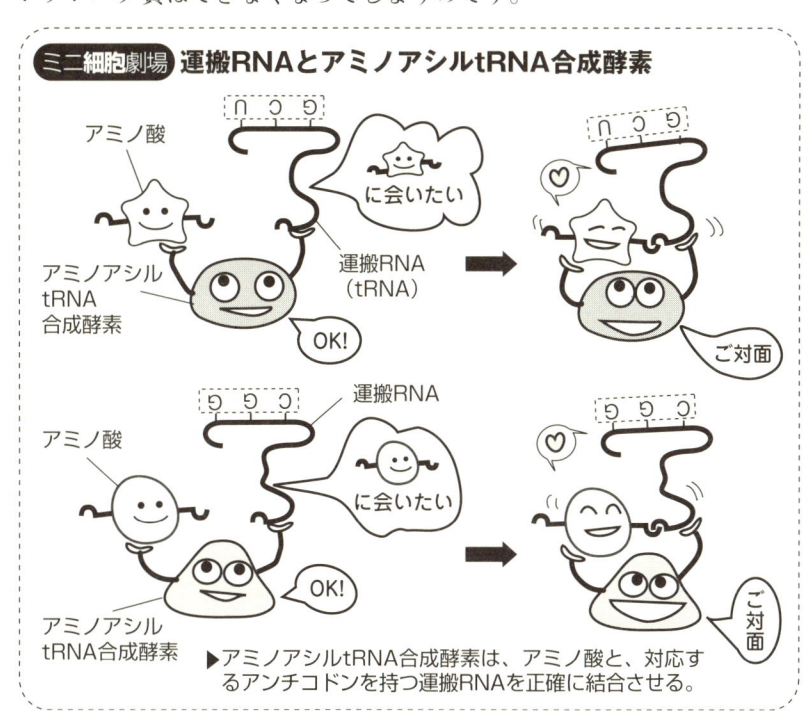

▶アミノアシルtRNA合成酵素は、アミノ酸と、対応するアンチコドンを持つ運搬RNAを正確に結合させる。

scene 9.9 翻訳にたずさわる役者たち③ 〜リボソーム

　翻訳とは、メッセンジャーRNAのヌクレオチドの並びを、対応するアミノ酸の並びに変えることです。つまり、運搬RNAがメッセンジャーRNAの対応するコドンまでアミノ酸を運ぶこと、そしてアミノ酸どうしをつなげていくのが翻訳のドラマです。しかし、このドラマは、メッセンジャーRNA、運搬RNA、アミノ酸といった役者たちだけでは進行しません。翻訳の反応にはリボソームというもう1人の役者が必要なのです。

　リボソームは雪だるまのような形をした分子で、雪だるまの"頭"に相当する部分を小サブユニット、"胴体"に相当する部分を大サブユニットといいます。リボソームの小サブユニットと大サブユニットがメッセンジャーRNAをはさむようにして結合すると、タンパク質の合成が始まります。

　リボソームには、運搬RNAが座ることのできる座布団のような場所が2つ、隣り合って存在しています。それらはP部位とA部位といいます。P部位とA部位それぞれには、メッセンジャーRNAのコドンが露わになっています。

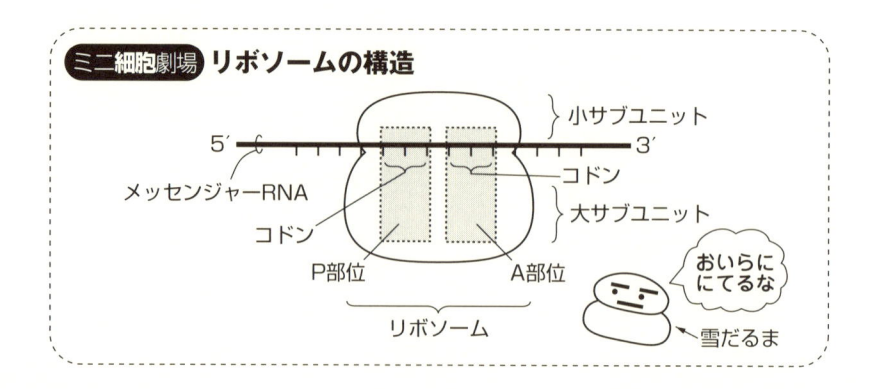

ミニ細胞劇場　リボソームの構造

（図：メッセンジャーRNA、コドン、P部位、A部位、小サブユニット、大サブユニット、リボソーム、雪だるま「おいらにてるな」）

■楽屋裏■
遺伝子くんとタンパク娘の部屋　その２

　第9幕の途中ですが、遺伝子くんとタンパク娘が楽屋裏でもめています。ちょっとのぞいてみましょう。

遺伝子くん　がははは！　俺様は遺伝子様だ。俺様のえらさを知らないな。生きものが途絶えても、俺様は死んだことがない。俺様は、生きものが生きものであるべく、生命活動を司令してあげてはいるものの、所詮すべての生きものは俺様が生き延びていくための乗り物に過ぎないのだ。まいったか。わっはっは！

タンパク娘　きみねえ、いかれてるってみんなにいわれない？

遺伝子くん　どこが！　俺様は自己複製しながら太古の時代より永遠に生き続けているのだ。異論はあるまい。

タンパク娘　「自己複製」っていうけど、酵素をはじめとする私たちタンパク質がいなきゃ、そもそも複製なんてできないんじゃないの？。

遺伝子くん　何だと！　貴様、誰のおかげでその形でいられると思っているんだ。俺様は貴様たちの形を設計しているのだぞ。

タンパク娘　それはありがたいと思ってるわ。でも私たちタンパク質をつくるのは、遺伝子くん自身じゃなくってタンパク質なのよねー。遺伝子を複製するのもタンパク質、遺伝子の情報を読み取ってタンパク質をつくるのもタンパク質。私たちがいなきゃ、遺伝子くんには何にもできないんじゃない。それに、私たちタンパク質がこんな形をしてるのは遺伝子くんのおかげもあるけど、私たちの形をきちんと整えてくれるシャペロンタンパクちゃんたちのおかげでもあるの*。

遺伝子くん　そのシャペロンタンパクたちだって俺様が設計してるのだぞ。

タンパク娘　でもシャペロンちゃんの形を整えるのだって、シャペロンちゃんなんだから。

遺伝子くん　ううう、なんだか頭が痛くなってきたぞ…

＊「シャペロン」とは「介添人」を表す言葉です。シャペロンタンパクには、（1）合成途上のタンパク質に一時的に結合して、立体構造が成熟するように介添えするタンパク質、（2）高熱等のストレスによって発現が誘導されて、他のタンパク質の正しい立体構造を維持するように介添えするタンパク質、（3）細胞内で短い時間だけ働くべきタンパク質や、ストレスによって生じた異常な構造のタンパク質を積極的に分解するタンパクがあります。

scene 9.10 翻訳の3つのステップ

第1段階　アミノ酸の運搬

　リボソームのP部位には、翻訳開始の暗号「AUG」に対応するアミノ酸（メチオニン*）を連れた運搬RNAが横たわっています。

　空席となっているA部位に、アミノ酸を連れた運搬RNAがやって来ます。A部位で露わにされているメッセンジャーRNAのコドンとやってきた運搬RNAのアンチコドンとがマッチすれば、運搬RNAはA部位にしっかりと結合します。リボソームのA部位にアミノ酸（amino acid）を連れた運搬RNAが結合することがタンパク合成の第1段階です。

第2段階　アミノ酸どうしの結合

　次にP部位とA部位にある、運搬RNAに結合したアミノ酸どうしを結び付けます。このとき、P部位の運搬RNAは、結合していたアミノ酸を手放します。この化学反応はリボソーム大サブユニットの表面にあるペプチジルトランスフェラーゼという酵素成分によって営まれます。

第3段階　リボソームの移動と運搬RNAの退散

　P部位にあるアミノ酸とA部位にあるアミノ酸とがつながると、リボソームはメッセンジャーRNAの上を3ヌクレオチド分（コドン1個分）移動します。すると、もともとP部位にあった運搬RNAは退散します。また、もともとA部位にあった運搬RNAはP部位に来ることになります。A部位は再び空席となり、次のアミノ酸を連れた運搬RNAを迎えます。

　このように、P部位はできつつあるタンパク質（polypeptide）を背負った運搬RNAを迎え入れるのです。

＊　原核細胞の場合はN-ホルミルメチオニンという特殊なアミノ酸を開始のアミノ酸として使います。一方、真核細胞の場合は、開始のアミノ酸は通常のメチオニンなのですが、開始に当たる運搬RNAが特殊で開始tRNA（initiator tRNA）といいます。

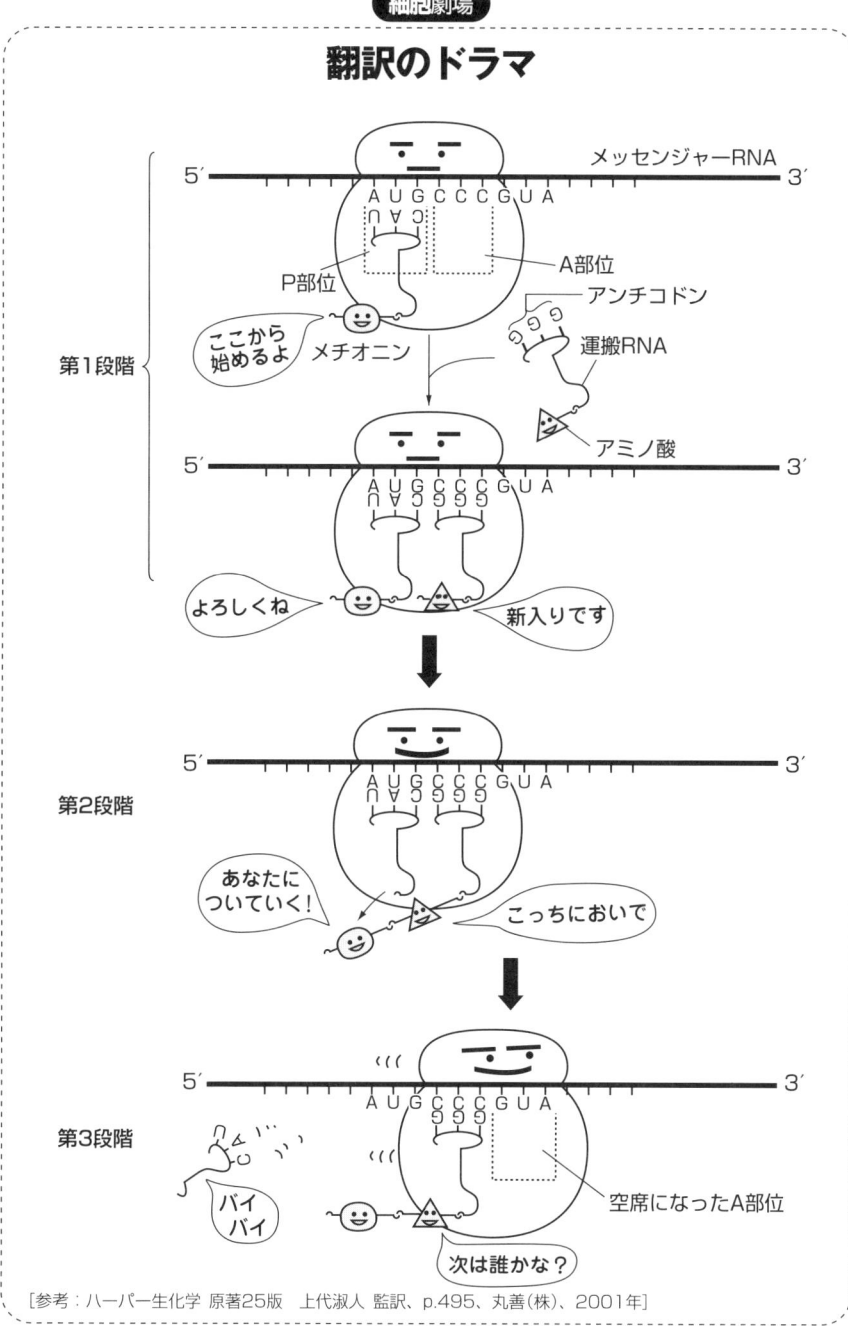

細胞劇場

翻訳のドラマ

第1段階
- メッセンジャーRNA
- P部位
- A部位
- アンチコドン
- 運搬RNA
- メチオニン
- アミノ酸
- 「ここから始めるよ」
- 「よろしくね」
- 「新入りです」

第2段階
- 「あなたについていく！」
- 「こっちにおいで」

第3段階
- 「バイバイ」
- 空席になったA部位
- 「次は誰かな？」

[参考：ハーパー生化学 原著25版　上代淑人 監訳、p.495、丸善(株)、2001年]

第9幕　遺伝子からタンパク質へ

もっとくわしく　原核生物と真核生物の比較

　以上説明してきました、転写と翻訳のしくみは、より細かく見てみると、原核生物と真核生物では、少し異なっています。その違いをまとめてみました。

原核生物の場合

① 転写と翻訳は、同じ場所で同じときに行われる。
② 転写産物（メッセンジャーRNA）は加工されない。
③ １個のタンパク質を設計するDNAの領域は途切れていない。
④ １本のメッセンジャーRNAが複数種類のタンパク質の設計情報を持つことがある。

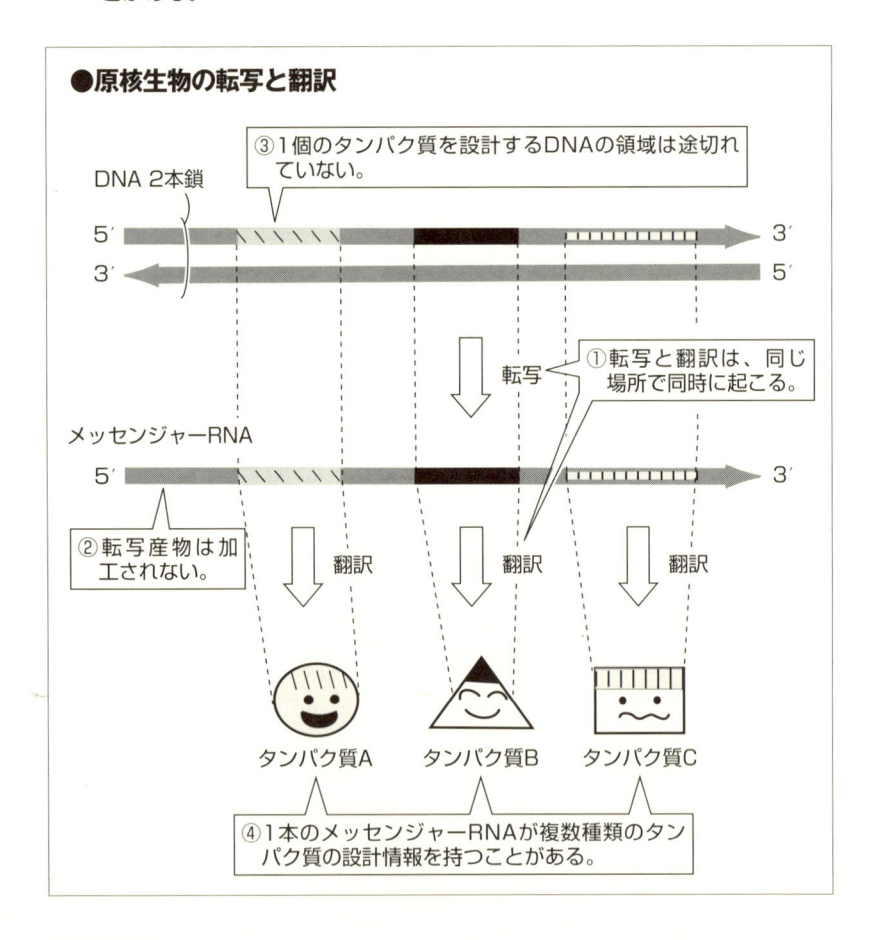

●原核生物の転写と翻訳

③１個のタンパク質を設計するDNAの領域は途切れていない。

DNA 2本鎖

↓ 転写

①転写と翻訳は、同じ場所で同時に起こる。

メッセンジャーRNA

②転写産物は加工されない。

↓ 翻訳　↓ 翻訳　↓ 翻訳

タンパク質A　タンパク質B　タンパク質C

④１本のメッセンジャーRNAが複数種類のタンパク質の設計情報を持つことがある。

真核生物の場合

① 転写は核の中で、翻訳は核の外で行われる。
② 転写産物は加工される（プロセシングという）。
③ 1個のタンパク質を設計するDNAの領域（エキソン）は、イントロンという情報を持たない領域（非コード領域）によって分断されている。
④ 加工されて完成したメッセンジャーRNAは、1種類のタンパク質の設計情報を持つ。

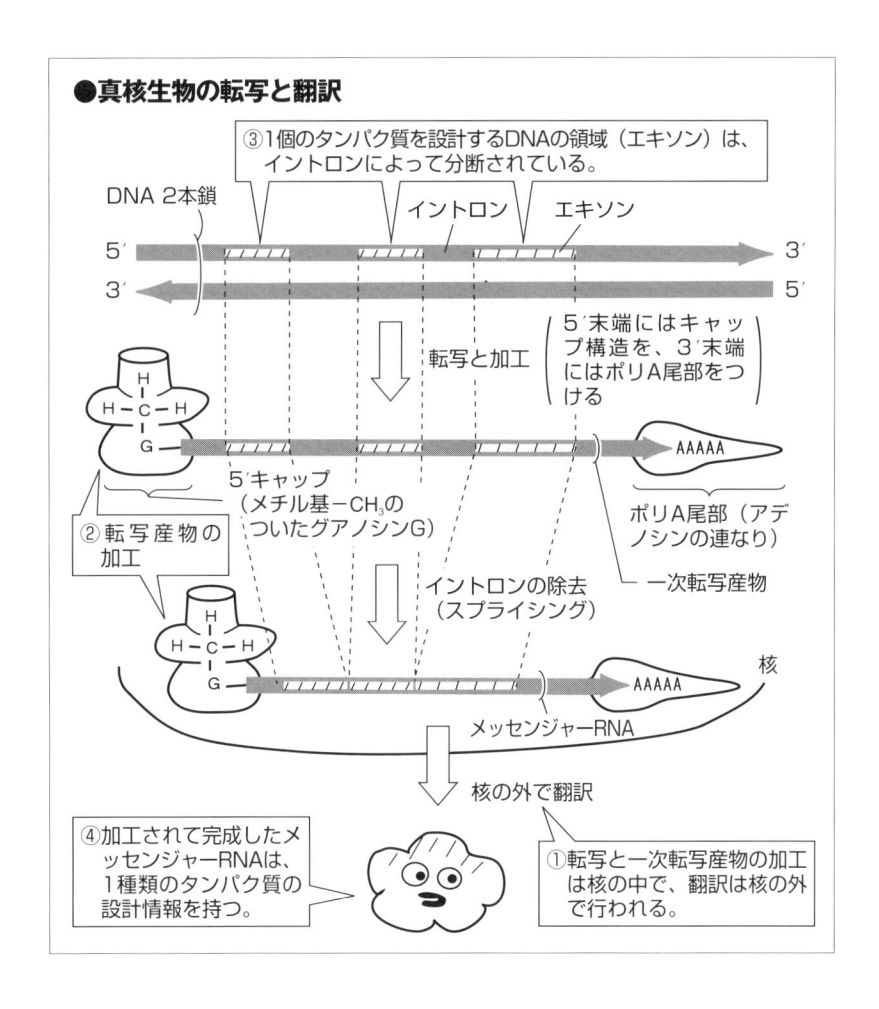

●真核生物の転写と翻訳

③1個のタンパク質を設計するDNAの領域（エキソン）は、イントロンによって分断されている。

DNA 2本鎖
イントロン　エキソン

5′ →　3′
3′ ←　5′

転写と加工

5′末端にはキャップ構造を、3′末端にはポリA尾部をつける

5′キャップ（メチル基－CH_3のついたグアノシンG）

②転写産物の加工

ポリA尾部（アデノシンの連なり）
一次転写産物

イントロンの除去（スプライシング）

AAAAA　核

メッセンジャーRNA

核の外で翻訳

④加工されて完成したメッセンジャーRNAは、1種類のタンパク質の設計情報を持つ。

①転写と一次転写産物の加工は核の中で、翻訳は核の外で行われる。

第9幕のまとめ

●タンパク質の設計情報を担ったDNAの領域を遺伝子という。すなわち、メッセンジャーRNAとして転写されて、タンパク質として翻訳されるDNAの部分を遺伝子という
　●ヒトでは、長いDNAのうち飛び飛びの2～3％の部分がタンパク質の設計情報を担っている。

●遺伝子の情報を読み取ってタンパク質をつくるプロセスは、転写と翻訳の2つのシーンからなる。
　●転写は、長いDNAの中から必要な部分だけをメッセンジャーRNAとして写し取る場面で、核の中で行われる。
　●翻訳は、メッセンジャーRNAが担う情報を読み取ってアミノ酸をつなげていく場面で、核の外で行われる[*1]。

●核がない原核細胞の中では、転写と翻訳は同じ場所で同時に進められていく。

●翻訳にあたって、メッセンジャーRNAの3つのヌクレオチドの連続した並びは、まとまった暗号情報（コード）として解釈されるので、コドンと呼ばれる。

●地球上のすべての生きもので、DNAが遺伝子であり[*2]、コドンの意味も共通である。この事実は、すべての生きものが共通の先祖に由来することを示唆している。

＊1　真核細胞の場合、翻訳は核外の液体成分（細胞質ゾル）や小胞体という細胞小器官内で行われる。
＊2　ウイルスは生きものか、どうか？については、議論の余地が残るが、DNAを遺伝子とするウイルスもあれば、RNAを遺伝子とするウイルスもある。

第10幕
遺伝子を編集する

　遺伝子の情報を読み取って、タンパク質合成を行っていくドラマを見てきましたが、1つの遺伝子からは決まった1種類のタンパク質しかつくられないのでしょうか。
　1940年代から1970年代にかけて、「1個の遺伝子は1種類のタンパク質の設計情報に対応する」と考えられていました（1遺伝子1酵素説）。
　ところが、ヒトの細胞は10万種類あるいは無数の種類のタンパク質をつくることができるのに、遺伝子の個数は、およそ2万数千個でしかありません。1遺伝子1酵素説は成り立っていないのです。でも、この矛盾はどのように解決されるのでしょうか。
　その答えになるのが、DNAやRNAにおいて切り貼りによる再編成が行われているという発見でした。

scene 10.1 抗体遺伝子の切り貼り 〜DNAの構造の変化

　1974〜1976年に、利根川進博士によって、DNAの切り貼りによってDNAが再編成され、無数の種類の抗体というタンパク質ができることが報告されました。抗体とは免疫応答において活躍する分子の1つです。

　私たちの身の回りには、無数ともいえるウイルスや細菌などの異物（抗原）がうようよいます。これらの異物と戦うリンパ球（B細胞とT細胞）という細胞は、細胞表面の受容体タンパク（B細胞受容体［抗体］とT細胞受容体）を使って異物をとらえて反応するのですが、リンパ球の受容体タンパクがつかまえることができる異物の種類は限られています。つまり、無数の種類の異物をつかまえるということは、無数の種類の受容体タンパクをリンパ球たちがつくりだしているということを意味します。

　リンパ球が無数の特異性を持った受容体タンパクをつくることができるのは、それぞれのリンパ球たちが、細胞の中で受容体タンパクの遺伝子を切り貼りしてつなぎ変えることができるからです。これを遺伝子の再編成（rearrangement）といいます。

　たとえば、B細胞というリンパ球の受容体（抗体）は2本のH鎖（heavy chain）と2本のL鎖（light chain）というタンパク質でできていますが、H鎖の遺伝子はヒトでは約40個あるV遺伝子断片から1つ、20数個あるD遺伝子断片から1つ、6個あるJ遺伝子断片から1つ、とランダムに選んでそれらをつなぎ合わせることでできあがります。V遺伝子断片–D遺伝子断片–J遺伝子断片の組み合わせだけで数千通りの遺伝子がつくりだされます。L鎖でも同様のことが起こるので、H鎖とL鎖を組み合わせると百万通り以上の多様性がつくられます[*]。T細胞というリンパ球の受容体も、同じようなしくみでつくられています。

　私たちのからだをつくる200種類以上の細胞たちは、形や働きは違っ

ても、すべて受精卵と同じ遺伝子を持っていると長い間信じられてきました。ところがB細胞やT細胞では、受精卵にはなかった新しい遺伝子がつくりだされていたのです。

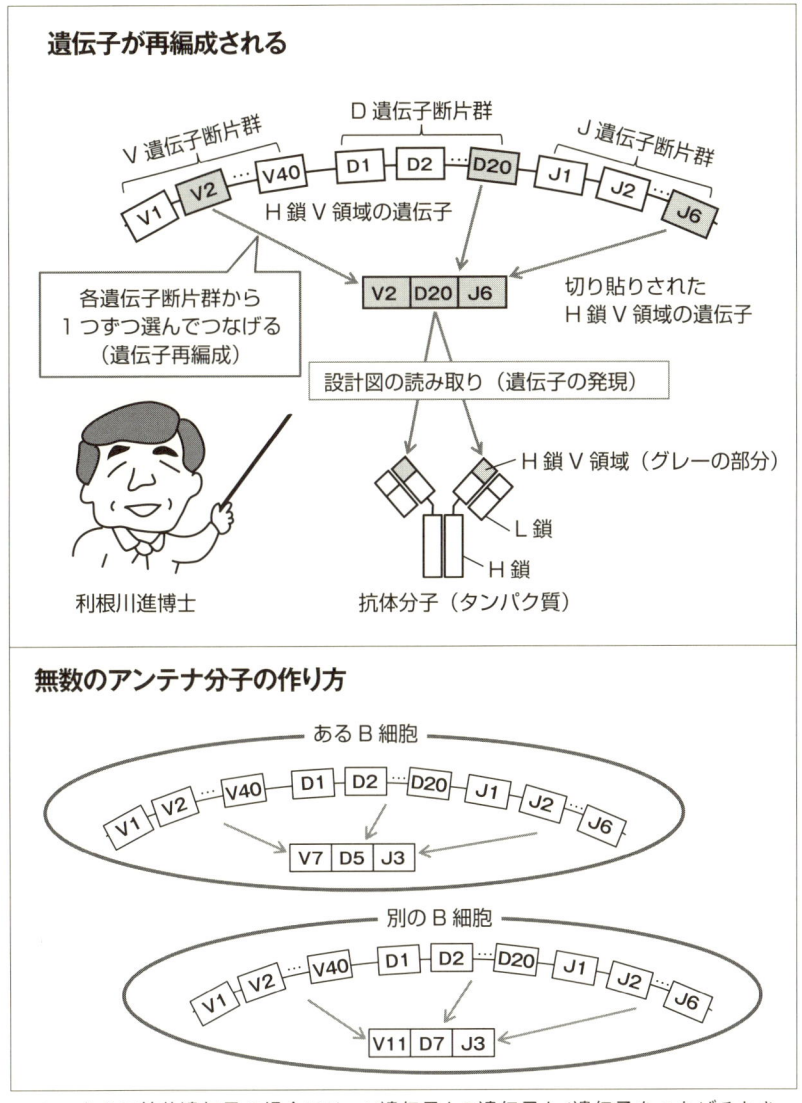

遺伝子が再編成される

V遺伝子断片群 … V1 V2 … V40
D遺伝子断片群 … D1 D2 … D20
J遺伝子断片群 … J1 J2 … J6

H鎖V領域の遺伝子

各遺伝子断片群から
1つずつ選んでつなげる
（遺伝子再編成）

V2 D20 J6

切り貼りされた
H鎖V領域の遺伝子

設計図の読み取り（遺伝子の発現）

H鎖V領域（グレーの部分）
L鎖
H鎖

抗体分子（タンパク質）

利根川進博士

無数のアンテナ分子の作り方

― あるB細胞 ―

V1 V2 … V40 D1 D2 … D20 J1 J2 … J6
→ V7 D5 J3 ←

― 別のB細胞 ―

V1 V2 … V40 D1 D2 … D20 J1 J2 … J6
→ V11 D7 J3 ←

＊　さらに抗体遺伝子の場合には、V遺伝子とD遺伝子とJ遺伝子をつなげるときに新しい小分子（ヌクレオチド）がつけ加わったり、逆に抜けたりするので、億単位の種類の抗体分子がつくられます。

scene 10.2 メッセンジャーRNAの切り貼り

およそ2万数千個の遺伝子から10万種類以上のタンパク質をつくりだすしくみのもう1つは、スプライシング（splicing）と呼ばれるメッセンジャーRNAの切り貼り作業です。スプライシングとは「つぎはぎ」という意味です。

真核細胞の遺伝子は、タンパク質の設計情報を持つ部分（エキソン）が、タンパク質の設計情報を持たない無意味な部分（イントロン）で分断されています（p.132、133）。真核細胞の遺伝子が読み取られるときには、意味があるエキソンも意味がないイントロンも含めてRNAとして転写されます（一次転写産物；mRNAの前駆体）。そして一次転写産物からメッセンジャーRNAになる過程で、イントロンの部分は切り落とされて、エキソンとエキソンとがくっつきます。この現象をスプライシングといいます。

スプライシングはすべての真核細胞の遺伝子で起こっています。

さて、このスプライシングによって、一部のエキソンだけが選ばれ、残りのエキソンはイントロンと一緒に捨てられることがあります。これを択一的スプライシング（alternative splicing）といいます。たとえば、5つのエキソンを持つ遺伝子を考えてみましょう。

5つのエキソンすべてを切り貼りすれば、

　　　エキソン1-エキソン2-エキソン3-エキソン4-エキソン5

というRNAができますが、

エキソン3をイントロンとともに捨ててしまえば

　　　エキソン1-エキソン2-エキソン4-エキソン5

というメッセンジャーRNAができます。

また、エキソン4をイントロンとともに捨ててしまえば

　　　エキソン1-エキソン2-エキソン3-エキソン5

というメッセンジャーRNAができます。こうして1つの遺伝子から、多種類のRNAが編集されてタンパク質として翻訳されます。択一的スプライシングも1つの遺伝子から複数種類のタンパク質をつくるしくみなのです。

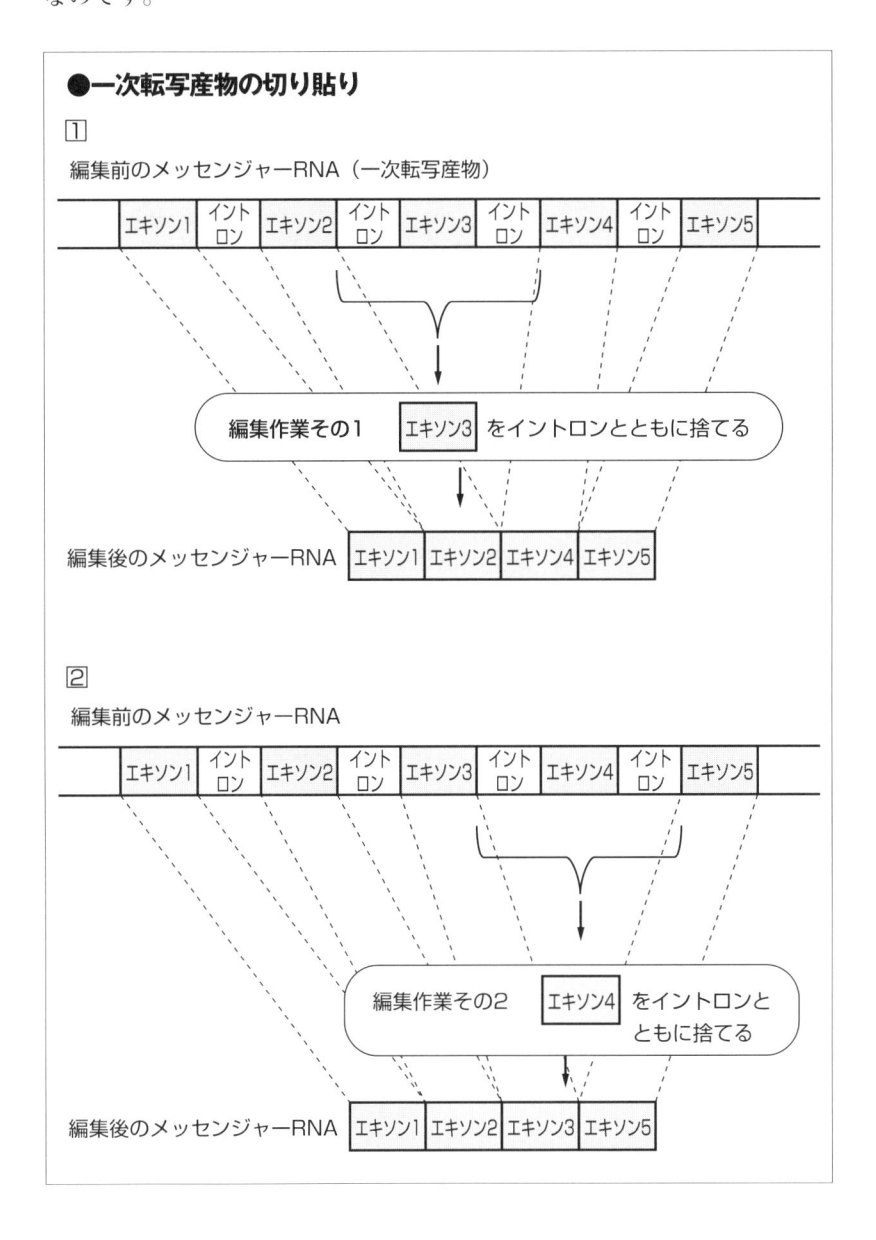

●一次転写産物の切り貼り

1

編集前のメッセンジャーRNA（一次転写産物）

| エキソン1 | イントロン | エキソン2 | イントロン | エキソン3 | イントロン | エキソン4 | イントロン | エキソン5 |

編集作業その1　エキソン3 をイントロンとともに捨てる

編集後のメッセンジャーRNA　| エキソン1 | エキソン2 | エキソン4 | エキソン5 |

2

編集前のメッセンジャーRNA

| エキソン1 | イントロン | エキソン2 | イントロン | エキソン3 | イントロン | エキソン4 | イントロン | エキソン5 |

編集作業その2　エキソン4 をイントロンとともに捨てる

編集後のメッセンジャーRNA　| エキソン1 | エキソン2 | エキソン3 | エキソン5 |

scene 10.3 再び抗体の登場

　一次転写産物（加工される前のメッセンジャーRNA）の切り貼り、すなわちスプライシングによって種類の異なるタンパク質を生みだす例として、先ほど出てきた抗体の遺伝子のお話しをしましょう。

　抗体は、異物（抗原）をつかまえて攻撃するタンパク質で、B細胞という免疫担当細胞がつくります。B細胞がはじめのうちにつくりだす抗体は、抗原と結合しないしっぽの部分がB細胞の表面に結合しています。これを膜結合型抗体といいます。やがて、戦うべき抗原がやって来ると、B細胞は抗体を飛び道具につくり変えて発射します。この飛び道具を分泌型抗体といいます。膜結合型抗体と分泌型抗体とでは、それぞれしっぽの形が異なるのですが、抗体を膜結合型から分泌型へ切り替えるのは、一次転写産物の切り貼りによります。

　つまり、はじめは膜結合型抗体のしっぽを設計するエキソンを選んで一次転写産物を切り貼りするのですが、やがて抗原と戦うべきときが来ると分泌型抗体のしっぽを設計するエキソンを選んで一次転写産物を切り貼りするのです。

　適切なタイミングを見計らって遺伝子の読み取り方を変えてしまう見事なしくみ。生きものは遺伝子に支配されるのではなく、生きものこそが遺伝子をうまく利用しているようにも見えます。

第10幕のまとめ

● 1970年代まで、「1個の遺伝子は1種類のタンパク質の設計情報に対応する」と考えられていた。

● ヒトの遺伝子は2万数千個程度であるが、ヒトの細胞は10万種類以上のタンパク質をつくりだすことができる。

● 少ない種類の遺伝子から多種類のタンパク質を生みだすしくみとして、DNA自体を切り貼りすることと、DNAの情報を写し取った一次転写産物（メッセンジャーRNA前駆体）を切り貼りすることで、多様なメッセンジャーRNAをつくりだしていることがある。
　● DNA自体を切り貼りすることを遺伝子の再編成（rearrangement）という。
　● メッセンジャーRNAが成熟する過程で、イントロン領域を除去し、エキソン配列を連結することをスプライシングという。スプライシングの方法を変えることで、さまざまなメッセンジャーRNAがつくりだされる（alternative splicing）。

もっとくわしく　　遺伝子の定義

　これまで、「遺伝子」とは「タンパク質の設計情報を持つDNAの1領域」として話を進めてきました。遺伝子はメッセンジャーRNAとして転写され、タンパク質として翻訳されるのです。これを「遺伝子発現」といいます。

　ところで、第11幕で学ぶように、DNAには遺伝子発現の量を調節する領域もあり、調節DNA配列といいますが、この領域も遺伝子と呼ばれる場合があります。

　また、タンパク質への翻訳のシーンで活躍した運搬RNA（tRNA）や、リボソームRNA＊（rRNA）もDNAの1領域を転写することによってつくられるのですが、そのtRNAやrRNAを設計するDNAの領域も遺伝子と呼ばれるので、混乱を招くことが多々あります。そこで次の図のように整理するとよいでしょう。

＊リボソームRNA　　リボソームは、多種類のタンパク質とRNAが集まってできています。リボソームを構成するRNAをリボソームRNAといいます。

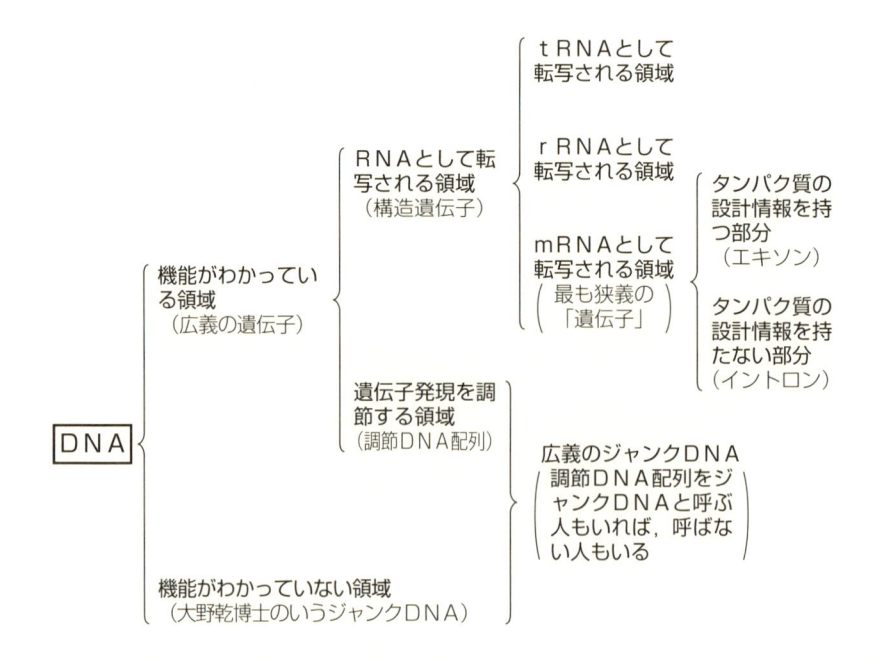

```
                        ┌ tRNAとして
                        │ 転写される領域
                        │
           ┌ RNAとして転 ┤ rRNAとして
           │ 写される領域│ 転写される領域      ┌ タンパク質の
           │ （構造遺伝子）│                    │ 設計情報を持
           │             │ mRNAとして ─────────┤ つ部分
  ┌ 機能がわかってい    │ 転写される領域      │ （エキソン）
  │ る領域              │ （最も狭義の         │
  │ （広義の遺伝子）    │  「遺伝子」）       │ タンパク質の
  │                     │                      │ 設計情報を持
  │                     │                      └ たない部分
DNA┤                     │                        （イントロン）
  │                     
  │             ┌ 遺伝子発現を調
  │             │ 節する領域         ┌ 広義のジャンクDNA
  │             └ （調節DNA配列）    │ 調節DNA配列をジ
  │                                   ┤ ャンクDNAと呼ぶ
  │                                   │ 人もいれば，呼ばな
  │                                   └ い人もいる
  │ 機能がわかっていない領域
  └ （大野乾博士のいうジャンクDNA）
```

第11幕
遺伝子の読み取りの調節

　ヒトなどの多細胞生物では、多くの種類の細胞が、協調し合いながら組織、器官をつくり、そして調和のとれた個体をつくりあげています。
　心臓の細胞は心臓の細胞としての働きをして、皮膚の細胞は皮膚としての働きをしていますが、それぞれが独自の働きをしているのは、それぞれの細胞が特定の遺伝子を適切なタイミングで読み取って、特有のタンパク質を合成しているからです。つまり、それぞれの細胞はおよそ2万数千個の遺伝子の中から、それぞれに必要なタンパク質だけをつくりだすように、遺伝子の読みとり方を調節しているのです。
　第11幕では、DNAにかき込まれた遺伝子の中から、特定の遺伝子だけを選んで読み取る様子を見ていきたいと思います。

scene 11.1 いらないタンパク質はつくらない

　私たちのからだをつくる200種類以上の細胞たちは、それぞれ独自のタンパク質をつくっています。たとえば、筋肉の細胞はアクチンやミオシンという筋肉に特有な運動タンパクをつくり、赤血球の細胞は赤血球に特有のヘモグロビンをつくっています。それぞれの細胞の特殊な形や機能は、細胞の中でつくりだされる独自のタンパク質によって決まるといっても過言ではありません。体細胞は、原則として受精卵と同じDNAを持つ（例外としてB細胞の抗体遺伝子やT細胞の抗原受容体 p.136）のですが、その長いDNAの中から必要な部分だけを読み取って、独自のタンパク質をつくっているのです[*1]。

　たった1つのタンパク質をつくるだけでも、第9幕で見てきたように大変なドラマなので、必要のないタンパク質をつくることはエネルギーの無駄使いです。あるタンパク質をつくらないと決めたならば、そのタンパク質の遺伝子の読み取りを、はじめの段階から、すなわち転写の段階からやめておくのが賢明なやり方です。

　逆に、あるタンパク質をせっせとつくりたい場合には、そのタンパク質の遺伝子をどんどん転写してメッセンジャーRNAをたくさんつくっておけば、それだけ多くのタンパク質をつくることができます。

　このように、ある遺伝子を読み取ってタンパク質をつくるかつくらないかは、その遺伝子を転写するかしないかということでほぼ決まります。

　さて、ある遺伝子がタンパク質として読み取られた場合、その遺伝子は「オンである」といいます。逆に、ある遺伝子がタンパク質として読み取られない場合、その遺伝子は「オフである」といいます。遺伝子の読み取りは、スイッチを切り替えるようにして調節されているのです。

　ある遺伝子を転写するかしないかを直接決めるのは、転写因子（transcription factor）というタンパク質です[*2]。ある転写因子は、DNAの特

定の領域に座り込んで、特定の遺伝子をどんどんと読み取らせるようにするのです。また別の転写因子は、DNAの特定の領域（調節DNA配列）に座り込んで、特定の遺伝子の読み取りをじゃまします。

　その詳しい具体的なしくみについては、まだわかっていないことも多く、現在精力的に研究が進められているところですが、ここでは、まず単細胞である原核生物の大腸菌を例にとって、基本的な原理について見ていくことにしましょう。大腸菌は単細胞ですから、環境の変化にあわせて生きていくための調節を1つの細胞内で行っています。その変化への対応は、その細胞に含まれたDNAが担う遺伝情報の読み取りの調節で行っているといえます。

　なお、多細胞の真核生物については「もっとくわしく（p.154）」で触れることにします。

＊1　どの細胞でもいつも読み取られている遺伝子があり、それをハウスキーピング遺伝子といいます。DNAの複製や細胞分裂、第4幕で学んだ細胞呼吸など、細胞の生存に必要な基本的なタンパク質の情報を担った遺伝子の総称です。
＊2　転写因子には、遺伝子調節タンパク質、調節タンパク質、転写調節因子など複数の同義語がありますが、転写因子の用語が近年最も普及しています。

> わたしが働けばタンパク質がたくさんできて、わたしが働かないとタンパク質はできないの

RNAポリメラーゼ

scene 11.2 大腸菌の好き嫌い

まず、大腸菌についての興味深い話をしましょう。

ブドウ糖（glucose）は、すべての生きものにとって基本的な栄養源です（第3幕）。このことは、私たちの大腸の中にすんでいる大腸菌にとっても例外ではありません。大腸菌もブドウ糖を好んで分解してエネルギー源にするのです。

ここで、ブドウ糖の代わりに乳糖（lactose）という糖を大腸菌に与えてみましょう。乳糖はヒトの母乳の主成分ですが、大腸菌が乳糖をエネルギー源として使うためには、いったん乳糖分解酵素で分解しなければなりません。大腸菌にとって乳糖はブドウ糖よりも利用しにくい"おいしくない糖"なのです。しかし、それでも大腸菌は生きていかなければなりませんから、乳糖分解酵素を自前でつくって、乳糖を分解するようになります[*]。つまり、利用しやすいブドウ糖がなくて利用しにくい乳糖しかない環境におかれると、大腸菌はしかたなく乳糖分解酵素の設計情報を持つ遺伝子を読み取るようになるのです。

では、ブドウ糖と乳糖の両方を大腸菌に与えるとどうなるでしょうか。大腸菌はちゃっかりしていて、ブドウ糖だけを分解して乳糖を分解しませんでした。せっかく利用しやすいブドウ糖があるのですから、利用しにくい乳糖を分解する乳糖分解酵素をあえてつくるという無駄なことはしなかったのです。ところがブドウ糖を食べ尽くしてしまうと、大腸菌は飢え死にしたくないので、乳糖分解酵素を新たにつくって乳糖を分解するようになったのでした。

---

[*] このように、細胞に特定の物質を与えると、それを細胞内に取り込んで分解するのに必要な酵素が合成される現象を、誘導現象といい、このときの酵素を誘導酵素といいます。発生に関係する「誘導（p.164）」とは異なります。

scene 11.3 挫折から生まれた世紀のアイデア 〜リプレッサータンパク

　今、お話ししたような大腸菌の巧みな物語は、1944年にフランスのモノー（Jacques Monod, 1910～1976）たちによって発見された現象です。大腸菌のこの巧みな現象を説明するために、モノーとジャコブ（Francois Jacob, 1920～2013）は「リプレッサータンパク」というアイデアにたどり着きました（1961年）。二人は次のように考えました。

　大腸菌が、乳糖のないときに乳糖分解酵素をわざわざつくる無駄をしないのは、リプレッサータンパクが乳糖分解酵素の遺伝子の読み取りを開始する部分（転写開始部位）にどっかりと居座ることによって、遺伝子の読み取り（転写）をじゃましているからだ。ここで、大腸菌に乳糖を与えると、乳糖がリプレッサータンパクと相互作用して、リプレッサータンパクの形がゆがみ、リプレッサータンパクがDNAからはずれる。すなわち、リプレッサータンパクが乳糖分解酵素の遺伝子の転写開始部位からはずれるので、乳糖分解酵素の遺伝子が読み取られるようになる――と考えたのです。

　以上のアイデアをジャコブとモノーは十数年以上にわたって温めてきました。それは、第二次世界大戦に軍医として出征したときに受けた戦傷によって外科医への道を断念せざるを得なかったジャコブと、一時期は一流の指揮者になることを夢見ながらも断念して研究の道に進んだモノーによる、二人の熱い思いがあったからです。

　彼らはリプレッサータンパクの実体を突き止めることはできませんでしたが、このアイデアを発表した数年後には、リプレッサータンパクが実体として明らかにされたのでした（1966年）。

　ただし、このままでは大腸菌の謎はまだ半分しか解けていません。乳糖があってもブドウ糖もあるときには、乳糖分解酵素の遺伝子が読み取られないのはどうしてでしょうか。

第11幕　遺伝子の読み取りの調節

scene 11.4 招き猫のようなアクチベータータンパク

　ここで登場するのはアクチベータータンパク（activator protein）という転写因子です。アクチベータータンパクは、リプレッサータンパクと同じようにDNAの特定の領域に座り込むのですが、リプレッサータンパクが遺伝子の読み取り（転写）をじゃますするのに対して、アクチベータータンパクは遺伝子の読み取りを積極的に促進させます（いいかえれば、転写をするためにアクチベータータンパクを必要とする遺伝子は、アクチベータータンパクがDNAの特定の領域に結合しないと、積極的に転写されない、ということになります）。

　アクチベータータンパクは、遺伝子を転写するRNAポリメラーゼ（RNA合成酵素）をどんどんと引き寄せたり、RNAポリメラーゼの活性を高めたりする"招き猫"のような分子ですが、乳糖分解酵素の遺伝子の読み取りを"オン"にするアクチベータータンパク（カタボライト遺伝子アクチベータータンパク；catabolite gene activater protein, CAP）の立体構造は、まさに"招き猫"にそっくりです。

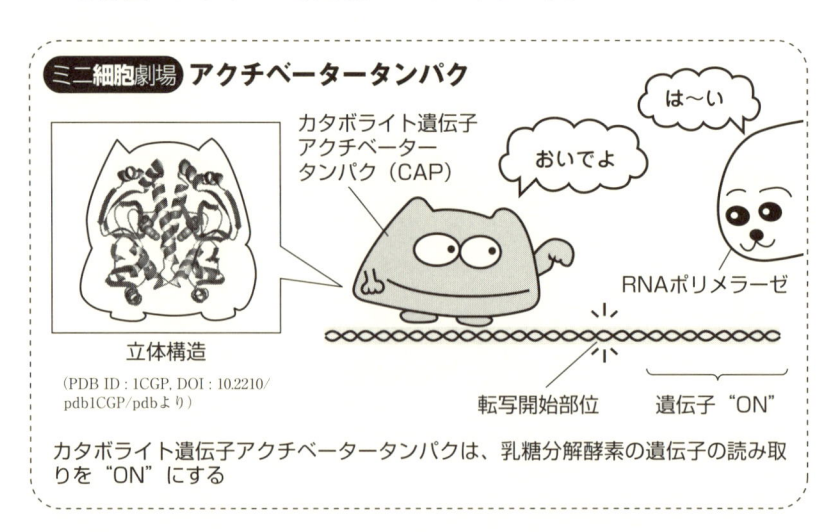

ミニ細胞劇場　アクチベータータンパク

カタボライト遺伝子アクチベータータンパク（CAP）

立体構造
(PDB ID : 1CGP, DOI : 10.2210/pdb1CGP/pdbより)

おいでよ

は〜い

RNAポリメラーゼ

転写開始部位

遺伝子"ON"

カタボライト遺伝子アクチベータータンパクは、乳糖分解酵素の遺伝子の読み取りを"ON"にする

細胞劇場

かしこい大腸菌の物語　その1

1 乳糖がないとき

乳糖がないときに、乳糖を分解する酵素をつくっても意味がありません。大腸菌はそのような無駄な努力はしないのです。そのしくみは？

答え：乳糖がないときには、乳糖を分解する酵素の遺伝子の読み取りをじゃまするリプレッサータンパク（ラクトースリプレッサー）が元気（活性状態）だから。

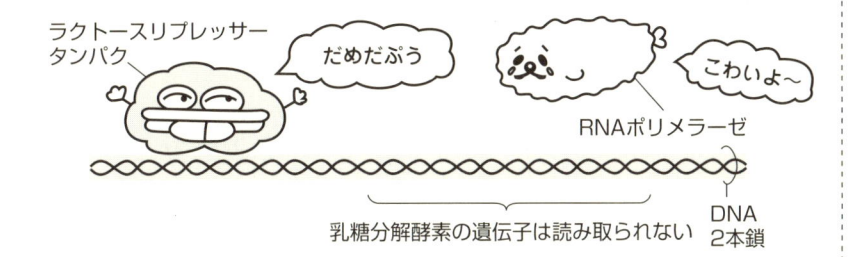

ラクトースリプレッサータンパク
だめだぷう
こわいよ〜
RNAポリメラーゼ
乳糖分解酵素の遺伝子は読み取られない
DNA 2本鎖

2 ブドウ糖があるとき

利用しやすいブドウ糖が目の前にあるときに、あえて利用しにくい乳糖を分解する酵素をつくるのも意味がありません。大腸菌はやはりそのような無駄な努力はしません。そのしくみは？

答え：ブドウ糖があるときには、乳糖を分解する酵素の遺伝子の読み取りを"ON"にするアクチベータータンパク（カタボライト遺伝子アクチベータータンパク）が働いていないから。

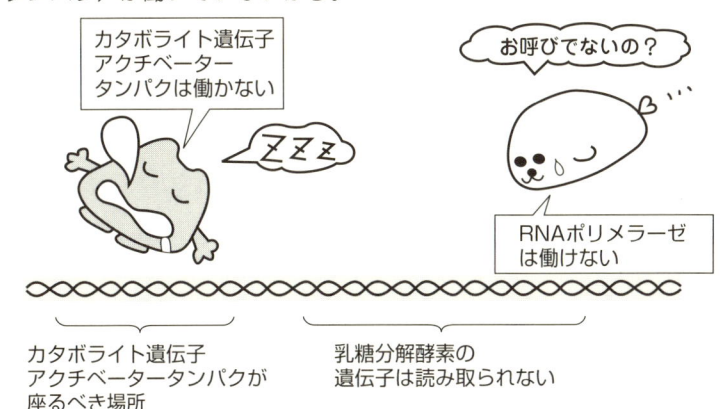

カタボライト遺伝子アクチベータータンパクは働かない
お呼びでないの？
RNAポリメラーゼは働けない
カタボライト遺伝子アクチベータータンパクが座るべき場所
乳糖分解酵素の遺伝子は読み取られない

scene 11.5 危機を知らせるサイクリックAMP

　さて、乳糖分解酵素の遺伝子の読み取りを"オン"にするためには、リプレッサータンパクがDNAの特定の領域からはずれるだけでは十分ではなくて、カタボライト遺伝子アクチベータータンパク（CAP）がDNAの特定の領域に結合しなければなりません。リプレッサータンパク、あるいはアクチベータータンパクが座り込むDNAの特定の領域を調節DNA配列（regulatory DNA sequence）といいます（p.142参照）。

　CAPを調節DNA配列に結合させるのが、「ブドウ糖がなくなった！」という情報を細胞の中に伝える伝令者、サイクリックAMP（cAMP）です。大腸菌はブドウ糖という最も基本的な糖がなくなったことを察知すると、細胞内のサイクリックAMPを増やすのです。

　セカンドメッセンジャーのところ（p.64参照）でもお話ししたように、サイクリックAMPは細胞中に拡散してさまざまなタンパク質を活性化するのですが、なかでもCAPを活性化すると、CAPは調節DNA配列に結合するようになります。このようにして、大腸菌はブドウ糖がなくなって乳糖しかないというときに、乳糖分解酵素の遺伝子の読み取りを"オン"にするのです。

　この大腸菌の例を見ただけでも、遺伝子の読み取り（遺伝子発現）ということが、巧みに調節されているということがわかると思います。核を持つ真核細胞の場合には、調節DNA配列が読み取りを調節したい遺伝子から遠く離れて複数個存在するので話は複雑です（p.154参照）。1個の遺伝子の読み取りを調節するしくみついては、まだ解明が始まったばかりです。

> 細胞劇場

かしこい大腸菌の物語　その2

3 ブドウ糖がなくなり，なおかつ乳糖があるとき

大腸菌は利用しやすいブドウ糖がなくなって，利用しにくい乳糖だけしかないというピンチのときになってはじめて，乳糖を分解する酵素をつくります。そのしくみは？

答え：環境からブドウ糖がなくなると，大腸菌の中にあるサイクリックAMPという物質が増えて，先ほどのカタボライト遺伝子アクチベータータンパク（CAP）の目を覚まします。さらに環境に乳糖を与えられると，乳糖分解酵素の読み取りをじゃまするリプレッサータンパクが働けなくなるので，乳糖分解酵素の遺伝子が読み取られるようになるのです。

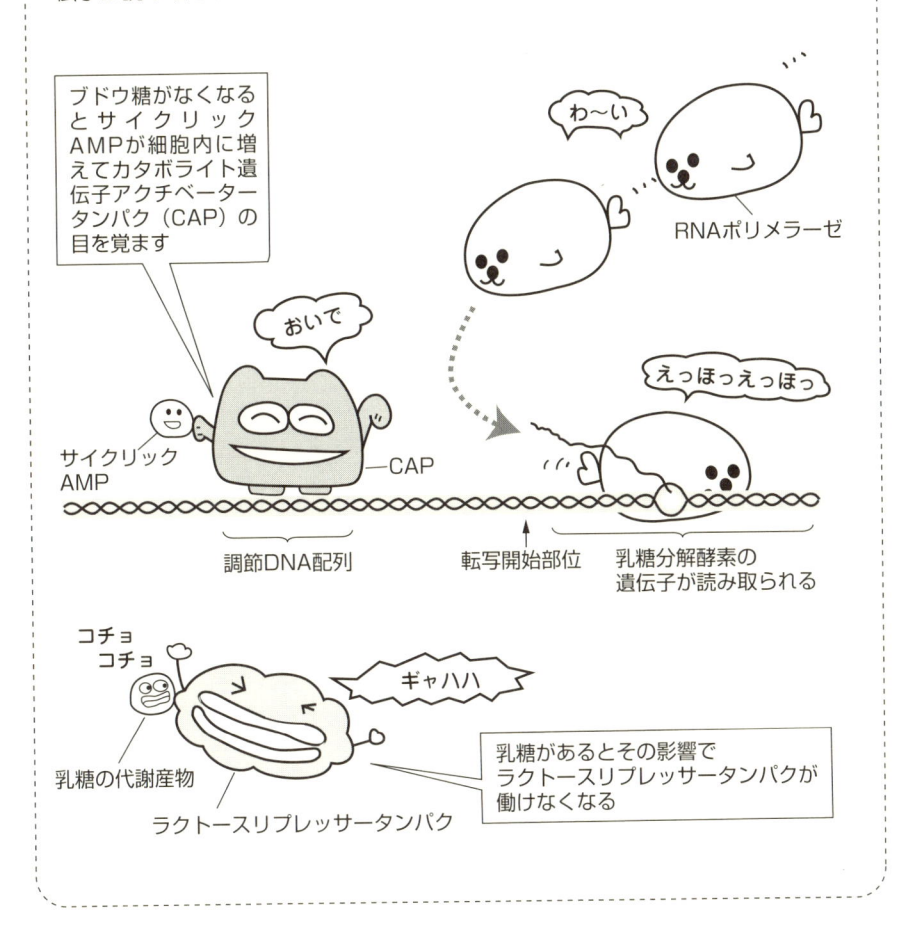

ブドウ糖がなくなるとサイクリックAMPが細胞内に増えてカタボライト遺伝子アクチベータータンパク（CAP）の目を覚ます

わ～い

RNAポリメラーゼ

おいで

えっほっえっほっ

サイクリックAMP　　CAP

調節DNA配列　　転写開始部位　　乳糖分解酵素の遺伝子が読み取られる

コチョコチョ

ギャハハ

乳糖の代謝産物

ラクトースリプレッサータンパク

乳糖があるとその影響でラクトースリプレッサータンパクが働けなくなる

第11幕 遺伝子の読み取りの調節

細胞劇場

遺伝子の読み取りは調節されている

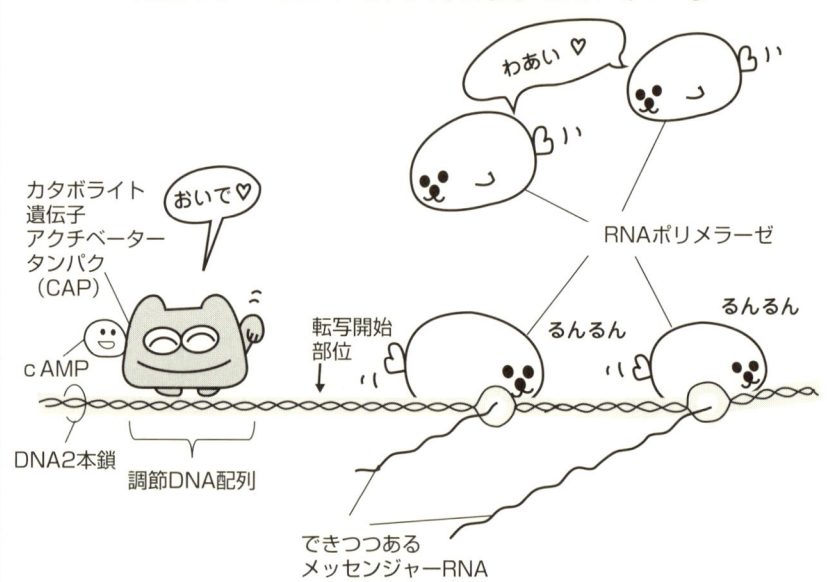

- カタボライト遺伝子アクチベータータンパク（CAP）
- おいで♡
- cAMP
- DNA2本鎖
- 調節DNA配列
- 転写開始部位
- わあい♡
- RNAポリメラーゼ
- るんるん
- るんるん
- できつつあるメッセンジャーRNA

▶ 遺伝子調節領域にカタボライト遺伝子アクチベータータンパクが座り込むと、遺伝子が活発に読み取られるようになる

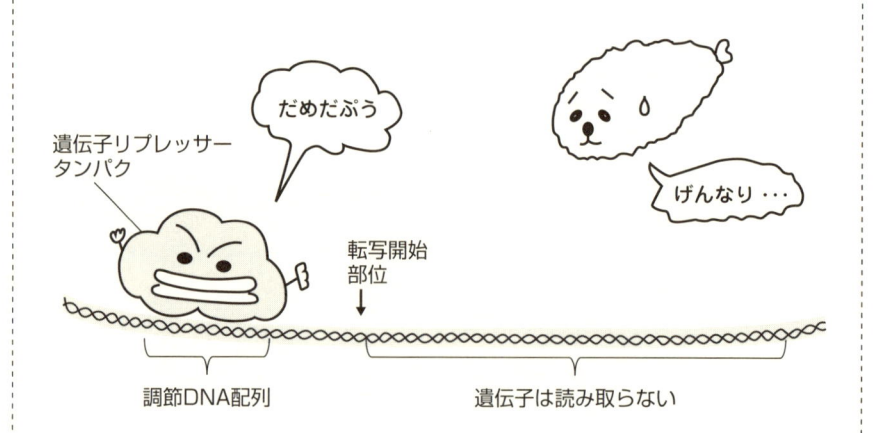

- 遺伝子リプレッサータンパク
- だめだぷう
- 転写開始部位
- げんなり…
- 調節DNA配列
- 遺伝子は読み取らない

▶ 遺伝子リプレッサータンパクが調節DNA配列に座り込むと、遺伝子が読み取られなくなる

Tea Room ［ティールーム］ | ヘモグロビン遺伝子の不思議

　時と場合に応じて遺伝子を読み取るほかの例として、ヘモグロビンの場合を見てみましょう。

　私たちが胎児のときには、母親の血液中を流れる酸素を胎盤で受け取ります。このとき、私たちの血液の細胞は、胎盤という酸素の少ない環境でも酸素をうまく受け取ることができるヘモグロビンε鎖をつくっています。やがてヘモグロビンε鎖はヘモグロビンγ鎖というタンパク質にとって代わられ、やがて出生の暁にはヘモグロビンβ鎖にとって代わられます。ヘモグロビンβ鎖は、肺で得られた酸素を運ぶのに、ε鎖やγ鎖よりも適したタンパク質です。私たちの血液の細胞は、そのときそのときの状況に適したヘモグロビンの遺伝子を読み取っているのです。しかし、そのしくみについては、まだ完全には解明されてはいません。

　さらに、ヘモグロビンのε鎖・γ鎖・β鎖の遺伝子が染色体上に並ぶ空間的な順番は、それぞれのヘモグロビンの鎖がタンパク質としてつくられる時間的な順番とまったく同じなのですが、この不思議についても、解き明かされていません。

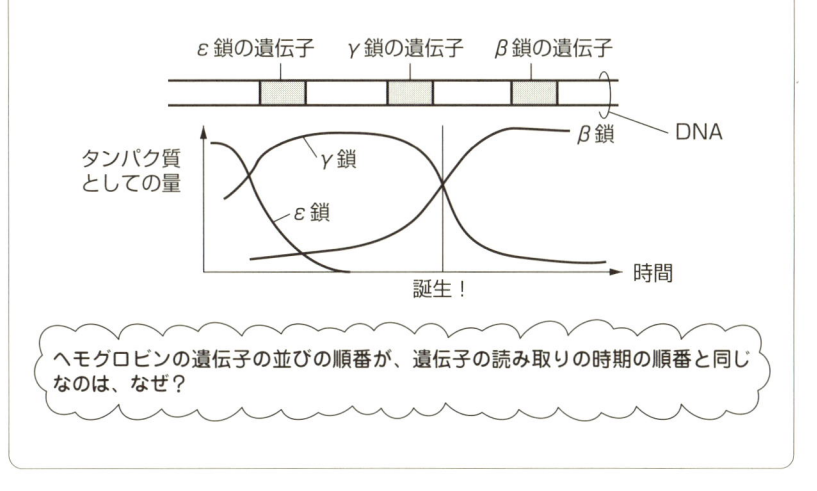

ヘモグロビンの遺伝子の並びの順番が、遺伝子の読み取りの時期の順番と同じなのは、なぜ？

もっとくわしく　真核生物における転写活性化の様子

　第11幕では、原核生物（大腸菌）を例にとって遺伝子の読み取りの調節のしくみを見てきました。真核生物の場合も、遺伝子の読み取りはおもに転写因子によって調節されていますが、その様子は原核生物と比べていくつか違いがあります。

　①　まず、原核生物の場合はRNAポリメラーゼ（RNA合成酵素）は1種類しかありませんが、真核生物の場合は少なくとも3種類のRNAポリメラーゼがあります。真核生物においてメッセンジャーRNAを合成するのはRNAポリメラーゼⅡというタンパク質です。

　②　原核生物のRNAポリメラーゼは、ほかのタンパク質の助けがなくても転写をすることができる場合がほとんどなのですが、真核生物のRNAポリメラーゼ（Ⅱ）は、基本転写因子というタンパク質の集合体の助けがないと、遺伝子を転写することができません。

　③　原核生物の場合は、調節DNA配列が転写開始部位の近くにあるのに対して、真核生物の場合は、調節DNA配列は転写開始部位からかなり（数千ヌクレオチド）離れた場所に複数個存在することもあるので、話は複雑です。なお、真核生物における調節DNA配列で、転写を促進させる働きをもつ部分をエンハンサー、抑制する部分をサイレンサーと呼び、その部分に結合するタンパク質を、エンハンサータンパク、サイレンサータンパクという人もいます。

　④　さらに真核細胞の転写開始を調節するしくみとして、染色体としての凝縮度を変える方法があります。真核細胞のDNAはヒストンにくるまれて凝縮されて染色体となるのですが（p.94）、凝縮度の高い染色体は転写されにくくなります。

　DNAの染色体としての凝縮度と転写開始との関係についても、まだ解明が始まったばかりです。

原核生物における転写の活性化

- サイクリックAMP
- CAP
- GO！
- 行って来ま〜す
- RNAポリメラーゼは1種類
- 調節DNA配列
- 転写開始部位（プロモーター）
- 調節DNA配列と転写開始部位は近い

真核生物における転写の活性化

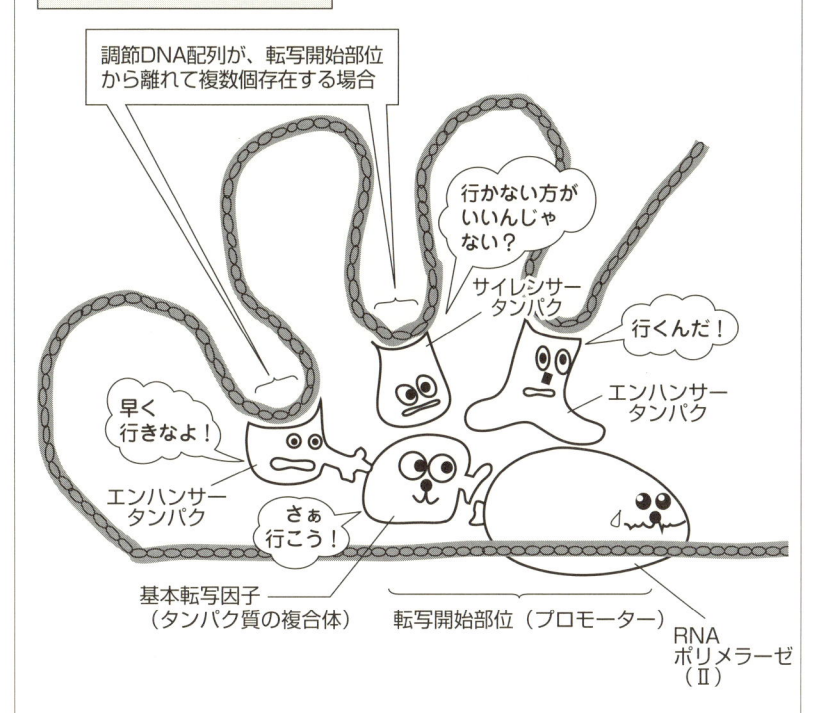

- 調節DNA配列が、転写開始部位から離れて複数個存在する場合
- 行かない方がいいんじゃない？
- サイレンサータンパク
- 行くんだ！
- エンハンサータンパク
- 早く行きなよ！
- エンハンサータンパク
- さぁ行こう！
- 基本転写因子（タンパク質の複合体）
- 転写開始部位（プロモーター）
- RNAポリメラーゼ（Ⅱ）

▶エンハンサータンパクとサイレンサータンパクの組み合わせによって、RNAポリメラーゼ（Ⅱ）が転写するかしないかが決まります。

第11幕のまとめ

●細胞の種類の違いは、主に遺伝子の読み取り方の違いによって生ずる。

●遺伝子の読み取り方の調節の例として、「転写因子」による調節がある。転写因子は、調節DNA配列に結合することによって、遺伝子の読み取りを調節する。

●細菌などの原核生物の場合、転写因子には、遺伝子の読み取りを"オン"にするアクチベータータンパクと、遺伝子の読み取りを"オフ"にするリプレッサータンパクとがある。

●アクチベータータンパクとリプレッサータンパクの量や活性が、時と場合に応じて変化することによって、遺伝子の読み取りが調節される。

■楽屋裏■
遺伝子くんとタンパク娘の部屋　その3

遺伝子くん　ごめん、この前はいい過ぎた。

タンパク娘　なんのこと？

遺伝子くん　「すべての生きものは俺様が生き延びていくための乗り物だ」なんていっちゃったけどさ……

タンパク娘　いいじゃない、たまには豪語してみても。ふだん私たちの設計のために一生懸命働いているんだから。

遺伝子くん　そうかい？　でも、だいたい俺って、何で俺自身をずたずたに分断するようなタンパク質まで設計しているんだろう？

タンパク娘　そうよ。私たちの仲間のキャッドちゃん*を刺激してごらんなさいよ。いとも簡単にあなたを分断しちゃうんだから。

遺伝子くん　俺さあ、本当は、いつキャッドちゃんに分断されるんだろうかってびくびくしてるんだ。

タンパク娘　あら、今日はなんだか弱気ね。でもあなたを分断したら、私たちもつくられなくなるから、なんだか複雑な気分だわ。

遺伝子くん　実はこの前、ある学者さんが俺のことを「利己的だ」なんていうもんだから、「ああそうさ！」なんて居直っちゃったんだけどさ……

タンパク娘　それでこのあいだ、あんなに豪語しちゃったのね。

遺伝子くん　まあね。でも、俺を分断するタンパク質を設計する俺って、いったいなんなんだろう？

タンパク娘　そうね。あなたって、利己的なのかそうでないのかわからないわ。

＊CAD（caspase-activated DNase）　カスパーゼというタンパク質によって活性化されるDNA分解酵素。アポトーシス、すなわち細胞死のプログラム（p.66）が発動すると、最終的にCADが活性状態となります。活性状態のCADは細胞内のDNAを切断し、細胞死を招きます。

第11幕　遺伝子の読み取りの調節

楽屋裏
遺伝子くんとタンパク娘の部屋　その4

遺伝子くん　不思議だよなあ……。なんの変哲もない丸い卵から、魚やヒヨコとか人間が生まれてくるなんてさあ。

タンパク娘　卵の中には、小鳥とかこびとが入ってるのよ、きっと。

遺伝子くん　ほんとかなあ？　だって、生卵の中にはヒヨコはいないぜ？

タンパク娘　あらそうねえ。生卵の中に小鳥がいたら、怖くて食べられないわ。それに、生卵の中の小鳥のからだの中には、また生卵があって、その卵の中には小鳥があって……そんなこと、考えだしたら眠れなくなっちゃうわ。卵の中に小鳥やこびとはいないわよ、きっと。考え方、変えるわ。

遺伝子くん　じゃあ、卵の中にはいったい何が入っているのさ？

タンパク娘　遺伝子くんは入ってるでしょう？　でも、遺伝子くんだけじゃ何もできないから、遺伝子くんを複製するタンパクちゃんたちも必要よね。

遺伝子くん　なんかカチンとくるなあ。

タンパク娘　あと、遺伝子くんの情報を読み取ってタンパクちゃんをつくるためのタンパクちゃんたちも必要だし。

遺伝子くん　卵の中のタンパク質って、栄養のタンパク質だけじゃないんだね。

タンパク娘　そうよ、少しは私たちのこと見直したでしょう？

ルナちゃん*　ちょっとお、あたしたちRNAのことも忘れてない？

タンパク娘　あら、ごめんなさい。ルナちゃんたちがいなかったら、私たちタンパク質は生まれないものね。でもRNAポリメラーゼタンパクちゃんがいないと、ルナちゃんは生まれないし……。考えだすとキリがないわ。

ルナちゃん　卵の中には遺伝子くんも、あたしたちRNAも、RNAポリメラーゼをはじめとするタンパクちゃんも全部入ってるから、そんなに深く考えることないわよ。遺伝子くんが先か、タンパクちゃんが先か、RNAが先か、RNAポリメラーゼが先か、なんて考えだしたら眠れなくなっちゃうけど、み〜んな同時に卵に入っているからだいじょうぶ。地球最古の卵はどうだったか知らないけどね。

遺伝子くん　それを考えだしたら、やっぱり眠れないよ！

＊　RNAを「ルナ」という愛称で呼ぶ分子生物学者たちは多く、「ルナ会」という研究会も一時期ありました。

第12幕
発生の分子生物学

　第11幕では、細胞が状況に応じて特定の遺伝子を読み取っていく基本的なしくみを見てきました。私たちのからだをつくる200種類ほどの細胞たちは、2万数千個ある遺伝子の中からそれぞれ独自の遺伝子を読み取ることで、細胞としての個性を発揮しているのです。

　これらの細胞たちは、もともとはたった1個の受精卵が分裂を重ねることによって生まれてきました。受精卵から個体の"からだ"ができあがるまでの過程を発生（development）といいます。また発生過程にある幼生物を胚（embryo）といいます。

　発生の過程においては、ある細胞が独自の遺伝子を読み取って情報伝達物質や細胞表面分子を発現し、別の細胞がその情報に呼応して独自の遺伝子を読み取って新たなる情報伝達物質を生みだす……といった、細胞間のダイナミックな相互作用が営まれています。その分子的なしくみについての解明は始まったばかりですが、ほんの一端をのぞいてみることにしましょう。

scene 12.1 はじめに腸をつくる

原腸の形成

　発生の話といえば、教科書などではウニやイモリ、ショウジョウバエやマウスが題材として選ばれて登場してきます。彼らはそれぞれ独自のやり方で発生するのですが、ここではほとんどすべての動物の発生に共通する技法を中心に見ていきたいと思います。

　まずはイモリの発生のプロセスをのぞいてみましょう。イモリは発生学の初期から研究されている生きもので、田んぼや小川に住んでいます。家の窓にへばりついて害虫を食べてくれるヤモリとは違います。

　イモリは発生の過程で、卵割（細胞質の容積を増やすことなく、細胞分裂をすること）をくり返し、数百個の細胞たちがよりそって、中身が空洞のボールのような形をとります。このような時期の幼生物を胞胚（blastula）といいます。まだイモリらしい形は何一つできてはいません。

　やがて、ボール（胞胚）の表面の一部がくぼんできて未熟な腸ができてきます。軟式テニスボールの一部分を指でくぼませる場面を連想してみてください。この過程を「腸の原型をつくる」という意味を込めて「原腸形成（gastrulation）」といいます。そして、この時期の幼生物を原腸胚（gastrula）といいます。

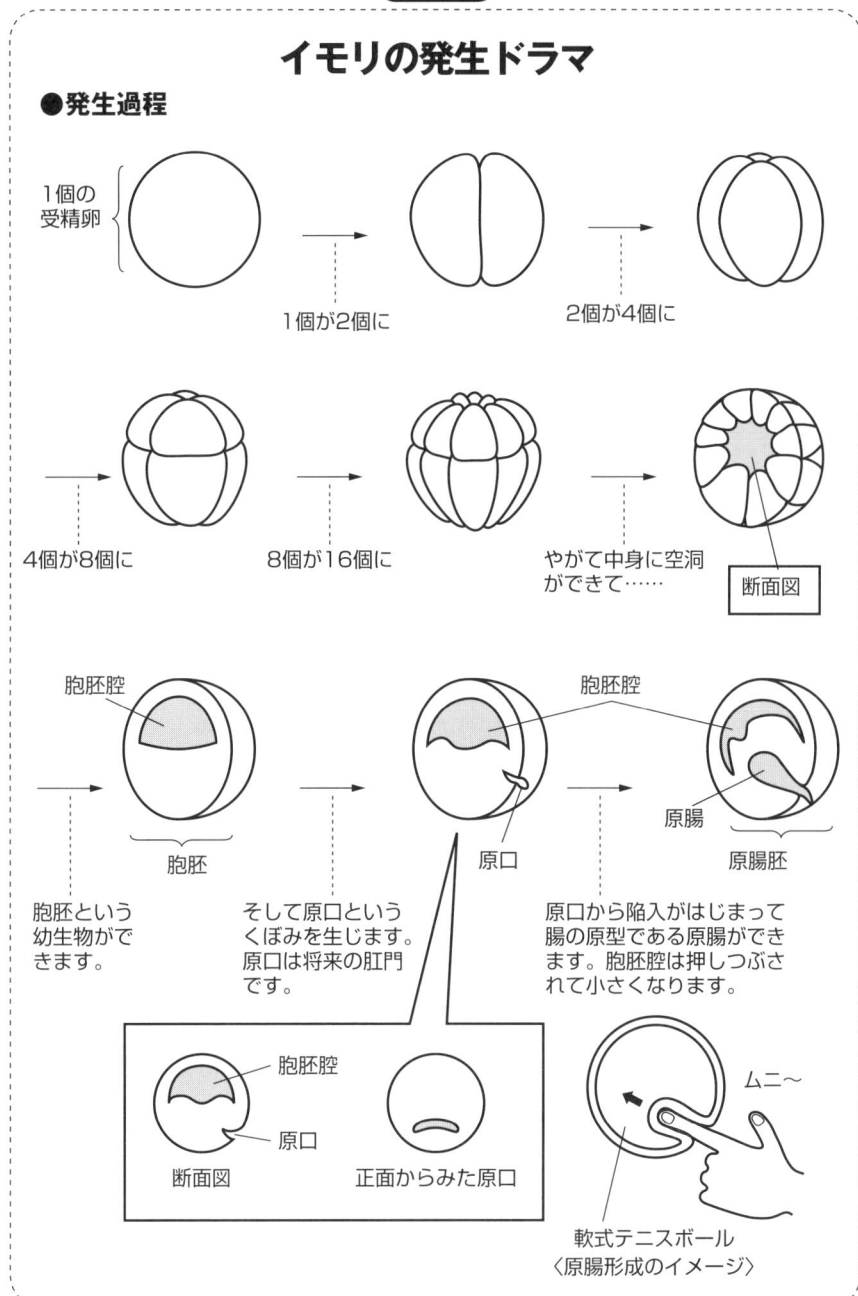

細胞劇場

イモリの発生ドラマ

●発生過程

1個の受精卵

1個が2個に

2個が4個に

4個が8個に

8個が16個に

やがて中身に空洞ができて……

断面図

胞胚腔

胞胚

胞胚という幼生物ができきます。

胞胚腔

原口

そして原口というくぼみを生じます。原口は将来の肛門です。

胞胚腔
原口
断面図

正面からみた原口

胞胚腔

原腸

原腸胚

原口から陥入がはじまって腸の原型である原腸ができます。胞胚腔は押しつぶされて小さくなります。

ムニ〜

軟式テニスボール
〈原腸形成のイメージ〉

scene 12.2 細胞が個性を持ち始める

　イモリが原腸をつくる頃になると、細胞たちは活発に動き出します。からだづくりの本格的なドラマのはじまりです。

　まず、細胞たちは3種類の細胞集団に分化していきます。その3種類とは、外表面を覆う外胚葉（ectoderm）、腸の内面を覆う内胚葉（endoderm）、そして外胚葉と内胚葉の間を埋める中胚葉（mesoderm）という細胞集団です*。ここで"葉"という言葉、あるいは英語では"皮"を意味する"-derm"が使われているのは、細胞の集団が、"葉"や"皮"のような平べったい層をなしているからです。特に外胚葉のイメージとしては、かしわもちの"葉"、あるいは餃子の"皮"がぴったりです。

　さて、外胚葉の細胞集団は、最終的に皮膚や脳神経になって、外界の情報を受けとめます。また、内胚葉の細胞集団は消化管や肺になって、からだの"うちなる外界"と接触します。そして、中胚葉の細胞集団は、心臓や筋肉といった外界から閉ざされた器官（organ）などになるとともに、皮膚や消化管などの裏打ちとしての結合組織にもなります。

　以上の魔法のようなプロセスは、さまざまな細胞どうしが相互に影響を及ぼしあいながら、時と場合に応じて適切な遺伝子を発現していくことによって完成されるドラマです。これからそのドラマをのぞいてみることにしましょう。

＊　なお、血液細胞は中胚葉性の細胞から分化していきます。

細胞劇場

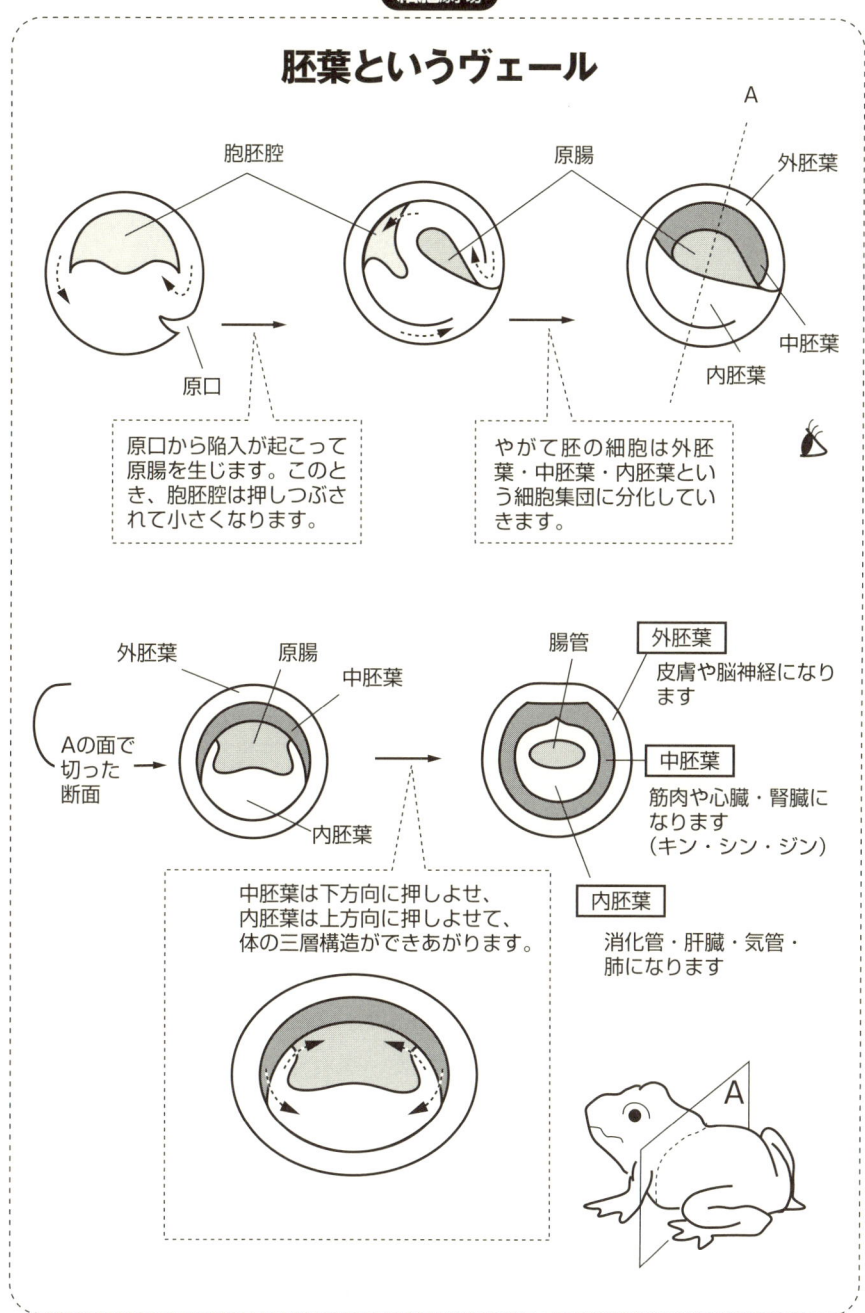

胚葉というヴェール

胞胚腔 → 原腸 → 外胚葉／中胚葉／内胚葉
原口
A

原口から陥入が起こって原腸を生じます。このとき、胞胚腔は押しつぶされて小さくなります。

やがて胚の細胞は外胚葉・中胚葉・内胚葉という細胞集団に分化していきます。

Aの面で切った断面 → 外胚葉／原腸／中胚葉／内胚葉 → 腸管

外胚葉
皮膚や脳神経になります

中胚葉
筋肉や心臓・腎臓になります
（キン・シン・ジン）

内胚葉
消化管・肝臓・気管・肺になります

中胚葉は下方向に押しよせ、内胚葉は上方向に押しよせて、体の三層構造ができあがります。

163

scene 12.3 「原口背唇」という不思議な"唇"

　イモリの発生のシーンで、空洞のあるボールのような胞胚の表面が一部くぼんで、腸の原型すなわち「原腸」ができる場面がありました。このくぼみを原口（blastopore）といいます。原口とはいっても、その"口"は将来肛門になる部分です。しかし、その"口"には立派な"唇"があって、その上唇を原口上唇部または原口背唇部といいます。

　この不思議な"唇"にとてつもない能力が備わっていることを発見したのが、ドイツの発生学者シュペーマン（Hans Spemann, 1869〜1941）と女子学生プレショルド（後に動物学者のマンゴルドと結婚して改姓、Hilde Mangold, 1898〜1924）です。二人はイモリの胚をヒトの赤ん坊の髪の毛でしばったり、イモリの胚の細胞の一部をほかのイモリの胚に植え付けたりしながら、発生のしくみを詳しく研究していました。

　ある日、プレショルドは、イモリの原口背唇部を切り取って、別のイモリの胞胚に植え付けてみました。すると、驚くべきことに、原口背唇部の細胞たちを植え付けた場所から、脳や目がつくられて、第2の頭が生えてきたのでした（1921年）。

　この第2の頭は、植え付けた原口背唇部の細胞たちからできたわけではありませんでした。植え付けた細胞たちが、まわりの細胞たちに働きかけて、頭の構造をつくらせたのです。シュペーマンは、この現象を物理学の電磁誘導になぞらえて誘導（induction）と名付けました。そして、原口背唇部の細胞のように、まわりの細胞たちに働きかけて特定の器官（organ）をつくらせるものを、形成体（organizer）と呼びました。

　1924年は、誘導という現象がシュペーマンとマンゴルドによって世界中に発表された生物学の歴史においても記念すべき年でした。しかし、二人の論文が公表される直前に、マンゴルドは幼い子どもを残したまま不慮の事故によって26歳の命を落としたのでした。

細胞劇場

原口背唇部（原口上唇部）

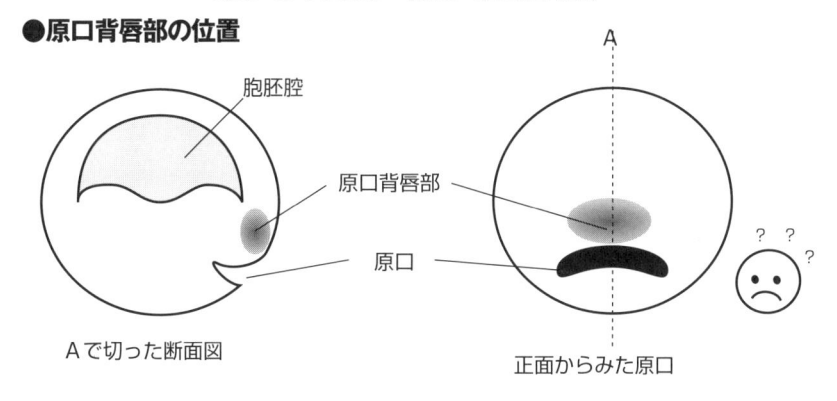

●原口背唇部の位置

胞胚腔
原口背唇部
原口

Aで切った断面図

正面からみた原口

●原口背唇部は外胚葉を誘導して、頭をつくらせる

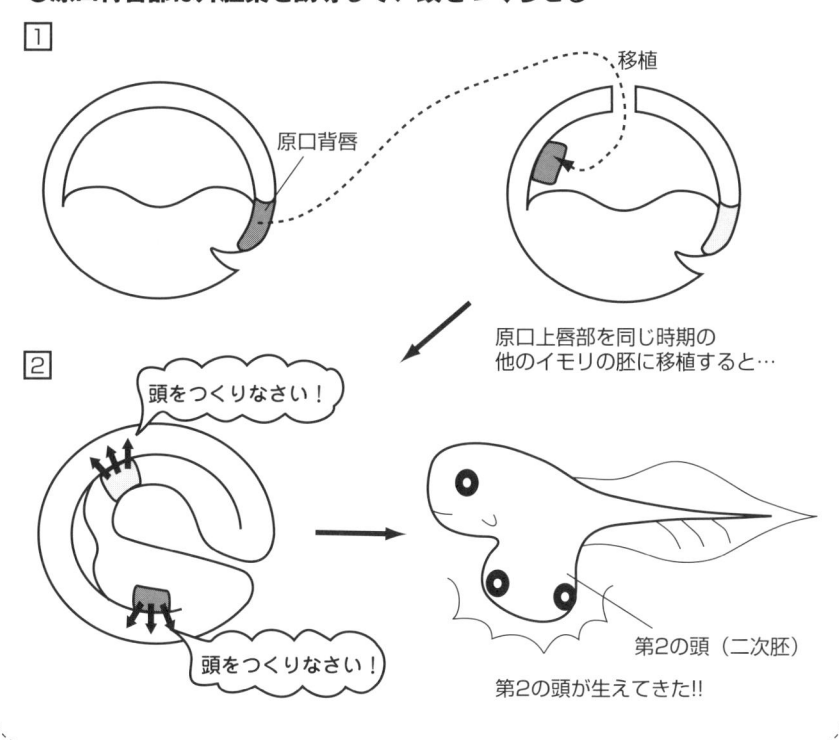

1

原口背唇

移植

原口上唇部を同じ時期の
他のイモリの胚に移植すると…

2

頭をつくりなさい！

頭をつくりなさい！

第2の頭（二次胚）

第2の頭が生えてきた!!

scene 12.4 眼杯という魔法の杯 〜誘導の連鎖

　イモリの原口背唇部の細胞たちが形成体（organizer）となって、ほかの細胞にかけて脳や目といった器官（organ）をつくる誘導についてもう少し詳しく見てみましょう。

　もともと原口背唇部にあった細胞たちは、胚の中にもぐっていき、やがて外胚葉の細胞たちに働きかけて神経管（neural tube）という構造物をつくらせます。神経管とは両端のふさがった"ちくわ"のような構造物で、前の方はふくらんで脳になり、後の方は脊髄になります。

　やがて脳の左右両側には1つずつ「眼胞」というふくらみが生えてきます。それは目を形成する元になる構造物です。眼胞は、にょきにょきと脳の外側に向かって伸びていき、胚の表面を保護する表皮に接します。このとき、眼胞の先端は、杯状の「眼杯」という構造物になります。眼杯の細胞は、胚の表面を保護する表皮の細胞に働きかけて特定の遺伝子を発現させて「水晶体」という透明なレンズをつくらせます。そして今度は水晶体の細胞が表皮の細胞に働きかけてやはり特定の遺伝子を発現させて、角膜をつくらせるのです。眼杯自身は網膜になって目が完成します。

　発生の過程における器官の形成は、今、眼の場合で見てきたように、1つの事件が始まると、次の事件が呼び覚まされていき、その事件がさらに次の事件を呼び覚ます……といった具合にダイナミックに展開されていくのです。

細胞劇場

誘導の連鎖

●眼杯という魔法の杯

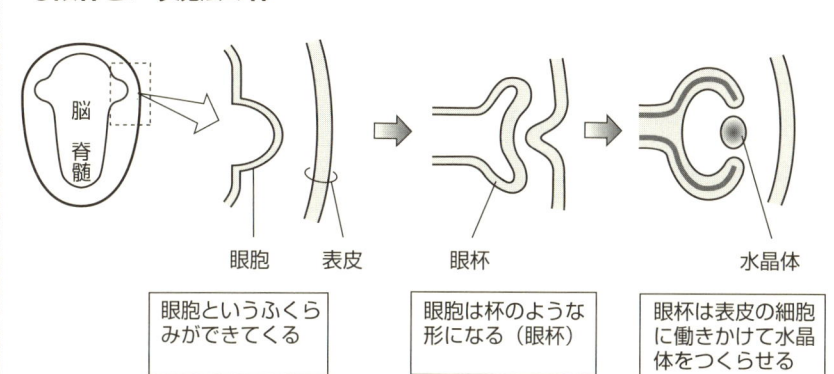

眼胞　表皮　　眼杯　　　　水晶体

| 眼胞というふくらみができてくる | 眼胞は杯のような形になる（眼杯） | 眼杯は表皮の細胞に働きかけて水晶体をつくらせる |

●ダイナミックな誘導の連鎖

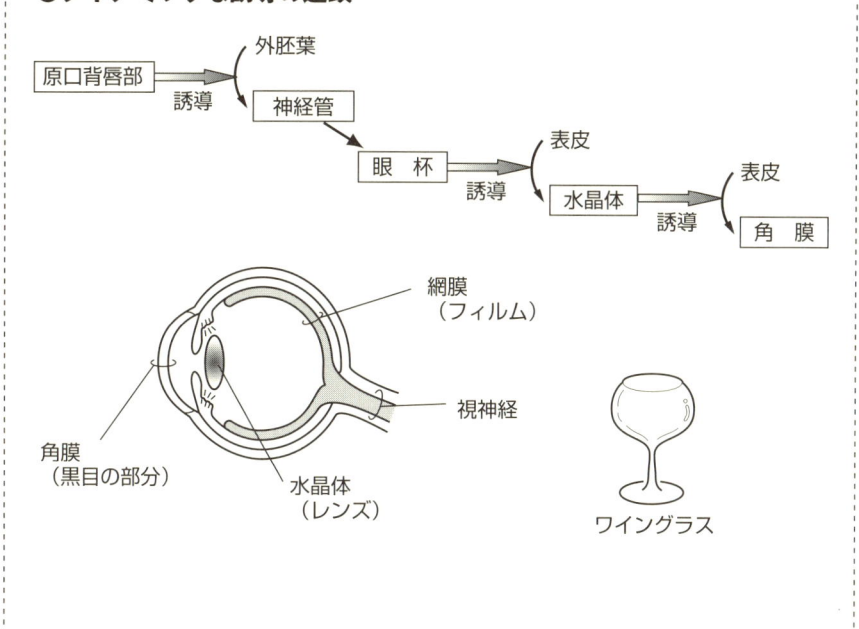

原口背唇部 →誘導→ 外胚葉 →→ 神経管 →→ 眼杯 →誘導→ 表皮 / 水晶体 →誘導→ 表皮 / 角膜

網膜（フィルム）
視神経
角膜（黒目の部分）
水晶体（レンズ）

ワイングラス

scene 12.5 形成体の実体は何か？

　イモリの発生のドラマの中で、原口背唇部という不思議な細胞集団が形成体として働く様子を紹介しました。この細胞たちは発生の過程で移動しながら中胚葉の細胞集団の一部になり、さらに移動を続けて胚の表面を覆う外胚葉の細胞たちに裏側から近づきます。すると、外胚葉の細胞たちは脳脊髄の前身（神経管）に変身してしまうのです。いったい原口背唇部の細胞たちは、どのようにして外胚葉の細胞たちを神経管に変身させるのでしょうか。その分子的なしくみについては、実はほとんど何もわかっていません。

　そうこうしているうちに、発生学の研究対象は、イモリからアフリカツメガエルに世代交代してしまいました。アフリカツメガエルのほうがイモリよりも研究室で手軽に飼えるからです。イモリもカエルも基本的な発生のしかたは同じといわれているのですが、イモリの原口背唇部の謎は残されたままになってしまった感があります。

　それはともあれ、アフリカツメガエルの発生においては、「内胚葉が外胚葉に働きかけて中胚葉をつくりだす」という現象が広く知られています。これを中胚葉誘導（mesoderm induction）といいます。内胚葉とは未熟な腸（原腸）を覆う細胞集団でしたが、内胚葉の細胞たちが形成体となり、外胚葉の細胞たちに働きかけて、中胚葉に変身させるのです。このアフリカツメガエルの中胚葉誘導にかかわる化学物質は、アクチビンというホルモン様の物質であることが1989年に突き止められました。この発見は日本の浅島誠博士によるものです。

> 誘導の発見から70年近く経ってようやく誘導の分子的なしくみがわかりはじめたのよ

scene 12.6 "場" の生物学

　中胚葉誘導は、アクチビンというホルモン様の物質によって営まれていることがわかりました。ある細胞からアクチビンのようなホルモン様の情報伝達物質が生み出されると、血流で流されない限りは、その物質は発信源の細胞からじわっと拡散していきます。すると、その情報伝達物質の濃度は発信源の細胞から遠ざかるにつれて薄くなっていきます。いいかえれば、細胞は情報伝達物質の濃い場と薄い場をつくるのです（濃度勾配）。

　さて、濃い情報伝達物質を受け取った細胞と、薄い情報伝達物質を受け取った細胞とでは、はじめはお互いに似たような細胞であっても、その後の反応が異なる場合があります。つまり、細胞たちは周囲にある情報伝達物質の濃淡に応じて、異なる反応をしうるのです。

　ある物質の濃度差を生じるのは細胞の外だけではありません。クルトンが浮いていて、コーンが沈んでいるポタージュのように、細胞の中の物質を不均等に分布させ、不均等なままその細胞が2つに分裂すれば、2種類の細胞が生まれます（不等分裂）。細胞の中を不均等にするのは、重力や温度とか、あるいは隣に接着している細胞の影響です。

　発生の過程において、細胞どうしはどのような相互作用によって、独自の遺伝子を読み取っていくのでしょうか。この問題については、まだ研究が始まったばかりです。アクチビンのような情報伝達物質の濃淡（濃度勾配）を生みだす細胞がいれば、その濃淡に呼応して、それぞれ異なる遺伝子を発現して特殊化していく細胞たちがいます。そして新たに特殊化した細胞が新しい情報伝達物質の濃淡を生みだしていく……、こういったダイナミックなプロセスを1つずつ解明していくことで、生命現象の理解はより深いものになることでしょう。

第12幕　発生の分子生物学

■楽屋裏■
遺伝子くんとタンパク娘の部屋　その5

遺伝子くん　びっくりしたなあ、もう！　ハエのハネから目が生えたんだ！

タンパク娘　まさか、怪獣映画じゃあるまいし。

遺伝子くん　まあ聞いてくれよ。ショウジョウバエっていう果物好きなハエには、突然変異を起こすと目ができなくなる「アイレス」っていう遺伝子があるんだ。

タンパク娘　アイス？　かわいそうなハエね。

遺伝子くん　アイレス（eyeless）だって。それでね、ゲーリングっていうスイスの学者さんが、正常なアイレス遺伝子をショウジョウバエの幼虫の将来触覚やハネになる部分で無理やり読み取らせたんだ*。

タンパク娘　なんでそんなことしたの？

遺伝子くん　アイレス遺伝子の働きを調べるためさ。

タンパク娘　そうしたらどうなったの？

遺伝子くん　その幼虫は、触角とかハネに目が生えた成虫になったんだ！　これでアイレス遺伝子は目をつくらせる総元締めの遺伝子だってことがわかったんだ。

タンパク娘　でも、アイレス遺伝子くんが目をつくらせるんじゃなくって、アイレス遺伝子くんから読み取られるアイレスタンパクちゃんが目をつくらせるんじゃなくって？

遺伝子くん　あいかわらずカチンとくるなあ……

＊　スイスのバーゼル大学のゲーリング教授らは、正常なアイレス遺伝子をショウジョウバエの幼虫の成虫原基（将来、成虫の脚や触角や翅になる部分）で強制的に発現させました。するとその幼虫は、やがての脚の先や触角や翅に目を生やした成虫となりました。ショウジョウバエの目は、2500種類以上もの遺伝子が段階的に発現することによってできるのですが、これらの遺伝子の発現を促すはじめの一歩を担当する遺伝子がアイレス遺伝子です。アイレス遺伝子のような、数多くの遺伝子の発現を調節する遺伝子をマスター（支配人、親方）調節遺伝子（master regulatory gene）といいます。そして、マスター調節遺伝子がコードするタンパク質をマスター転写因子（master transcription factor）といいます。

参考文献　ホメオボックス・ストーリー　形づくりの遺伝子と発生・進化　ワルター・J・ゲーリング著、浅島誠監訳、東京大学出版会、2002年

もっとくわしく　マスター転写因子

　私たちのからだの各部分の細胞は、それぞれ異なるタンパク質をつくっています。たとえば筋肉をつくるタンパク質と目をつくるタンパク質の種類は、異なっています。また、タンパク質の成分としては同じであっても、私たちの手と足の形はまったく違っています。

　私たちのからだの各部分の細胞は、それぞれ独自の遺伝子を、それぞれ適切な場所で順序正しく読み取ることによってできあがります。これらの遺伝子の読み取りは、マスター転写因子（master transcription factor）によって調節されています。"マスター"とは"親方""支配人"、という意味ですが、マスター転写因子も、さまざまな遺伝子の読み取りをまとめて調節する親方タンパクなのです。たとえば先ほどのアイレスタンパクは、2500種類以上もの遺伝子の読み取りを調節して、ショウジョウバエの目をつくらせるマスター転写因子です。アイレスタンパクの遺伝子に異常があるショウジョウバエでは、目の構成成分のタンパク質の遺伝子が正常であっても目を正常につくることができないのです。

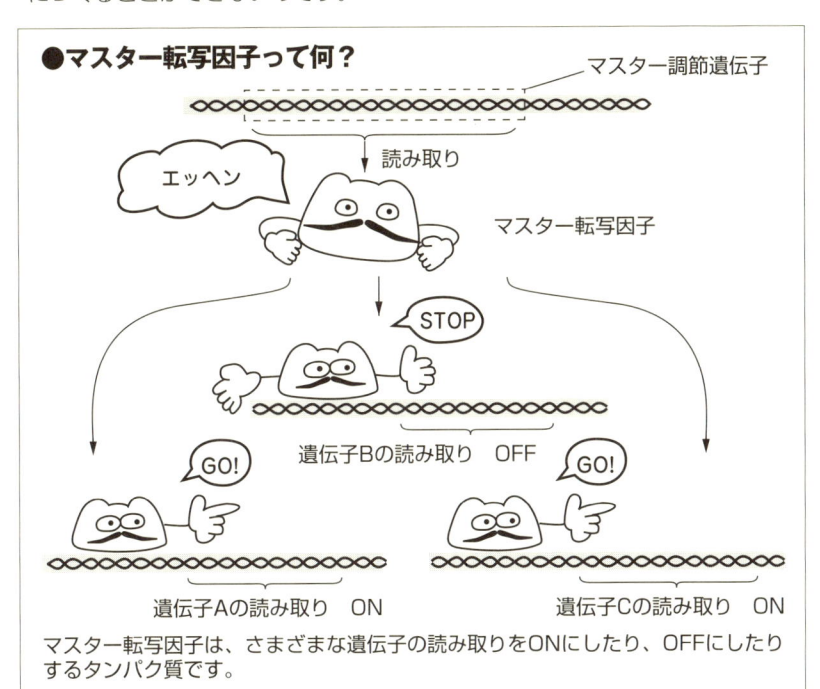

●マスター転写因子って何？

マスター調節遺伝子

読み取り

エッヘン

マスター転写因子

STOP

遺伝子Bの読み取り　OFF

GO!　　　　　　　　GO!

遺伝子Aの読み取り　ON　　　　遺伝子Cの読み取り　ON

マスター転写因子は、さまざまな遺伝子の読み取りをONにしたり、OFFにしたりするタンパク質です。

からだのパーツをつくるHoxタンパクの謎

　私たちのからだの各パーツをつくるマスター転写因子の他の例としてHoxタンパクがあります。

　たとえばあるHoxタンパクは、手の部分をつくり、別のHoxタンパクは足の部分をつくります。つまり、それぞれのHoxタンパクがそれぞれの節構造の形成を制御しているのです。

　アイレスタンパクやHoxタンパクといった限られた種類のタンパク質が、目や手足のような大きな構造物をつくるというのも驚きですが、からだの各部分をつくるHoxタンパクたちの遺伝子の並ぶ順番が、からだの前後軸に沿った順番とまったく同じであるということはさらに驚くべきことです。

　つまり、頭・前脚・胴体・後脚を担当するそれぞれのHoxタンパクの遺伝子（Hox遺伝子）は、同じ染色体上に頭・前脚・胴体・後脚の順番に並んでいるのです。ヘモグロビンのε鎖・γ鎖・β鎖の遺伝子といい（p.153参照）、Hoxタンパク群の遺伝子といい、きっとなんらかの必然性があってその順番に並んでいるのでしょう。

　それは不思議さ以上に美しささえ感じさせる事実でもあります。

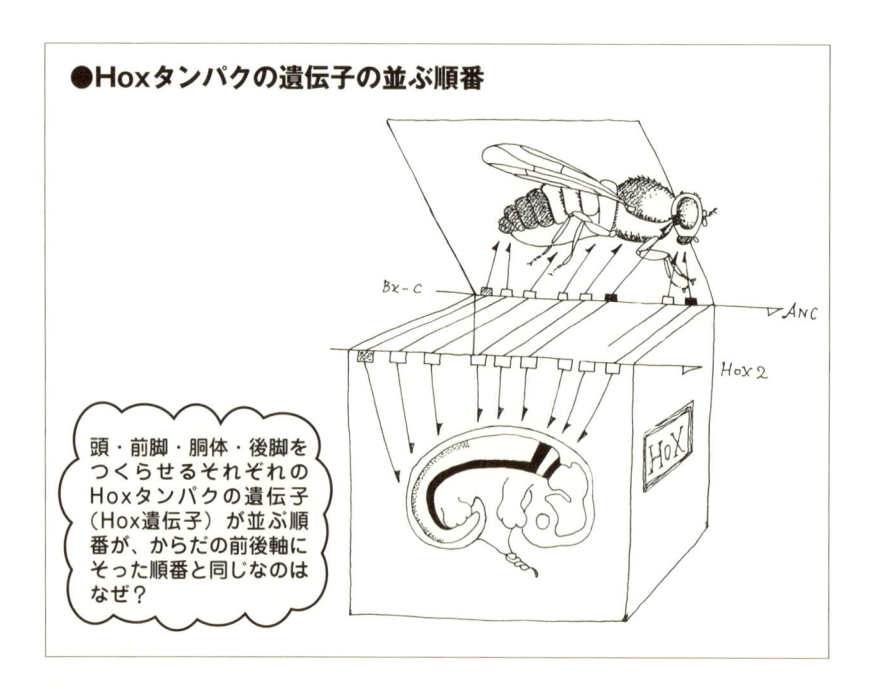

●Hoxタンパクの遺伝子の並ぶ順番

頭・前脚・胴体・後脚をつくらせるそれぞれのHoxタンパクの遺伝子（Hox遺伝子）が並ぶ順番が、からだの前後軸にそった順番と同じなのはなぜ？

第13幕
遺伝子の分子生物学と医療との接点

　最近、「○○病の遺伝子が発見された。これで○○病の遺伝子診断や遺伝子治療ができるようになるだろう」という報道がある一方で、「将来かかる病気を遺伝子診断して予測できるようになると、生命保険に加入するときや就職のときに差別が生じるのではないか」といった議論をよく耳にするようになりました。

　また、「患者さんの遺伝情報に基づく"オーダーメイド医療"が、近々実現するだろう」ということが謳(うた)われる一方で、「誰が遺伝情報を管理するのか」、「最近カルテが開示されるようになったが、遺伝情報を記載したカルテを開示してよいのか」、「カルテの電子化が進んでいるが、遺伝情報はきちんと保護されるのか」、「遺伝情報の取り違えは起こらないのか」……といった問題点がまだしっかりと議論されているとはいえません。

　私たちは、新しい医療というものに過度の期待を抱いてもいけないし、過度の不安を抱いてもいけないわけですが、第13幕では遺伝子の分子生物学と医療との接点を冷静に考えるための基盤となる知識を整理したいと思います。

scene 13.1 遺伝病とは何か？

すべての病気は、遺伝要因と環境要因とが複雑に絡み合って発症すると考えられています。怪我（外傷）は環境要因がほぼ100％発症に結びついている病気といえます。これに対して、遺伝要因が発症に何らかの形で関与している病気があり、これを広義の遺伝病と呼んでいます。

広義の遺伝病は、①単一の遺伝子変異の伝達によるもの（狭義の遺伝病；単一遺伝子疾患）、②複数の遺伝子と複数の環境的な要因が関係するもの（多因子疾患）、③染色体異常の伝達によるものに大別されます*。

単一遺伝子疾患

従来からヒトの遺伝病として知られている狭義の遺伝病は、親から受け継いだ特定の遺伝子変異の影響を強く受ける病気で、しばしば単一遺伝子疾患と呼ばれています。単一遺伝子疾患とは「単一の遺伝子における変異の影響を強く受ける疾患」という意味です。

この単一遺伝子疾患の例として、高校の教科書では鎌状赤血球症がよく紹介されます。この病気は、ヘモグロビン遺伝子の特定の部分（わずか1ヌクレオチド）が変化（変異）することによって、異常な形のヘモグロビンがつくられてしまう病気です。その結果、赤血球の形が"鎌"ないし"三日月"のようになってしまうのです。鎌状赤血球症の赤血球は寿命が短いので、患者さんは貧血になります。また、鎌状赤血球は毛細血管を通過しにくいので、毛細血管がつまりがちになります。

もう1つの例として、フェニルケトン尿症という病気があります。この病気は、フェニルアラニン（p.31）をチロシンに変える酵素が、遺伝子の変異によって働けなくなる病気です（先天性代謝異常症）。この病気ではフェニルアラニンが体内に蓄積していくことによって、成長するにつれて知的障害があらわれてしまいます。日本では、生後2週間で検

査をして、新生児がフェニルケトン尿症かを調べます。フェニルアラニン量をコントロールした食事で育てていけば、障害を残すことなく成長することができます。

　これらの病気においては、変異した遺伝子が生殖細胞を通じて子孫に伝われば、病気が子孫に遺伝していくことになります。

* 　その他、ミトコンドリアにも遺伝子が存在し、その遺伝子の変化による病気をミトコンドリア遺伝病といいます。受精卵には、精子由来のミトコンドリアDNAは伝わらないので、母由来のミトコンドリアDNAの影響のみを受けます（母系遺伝）。

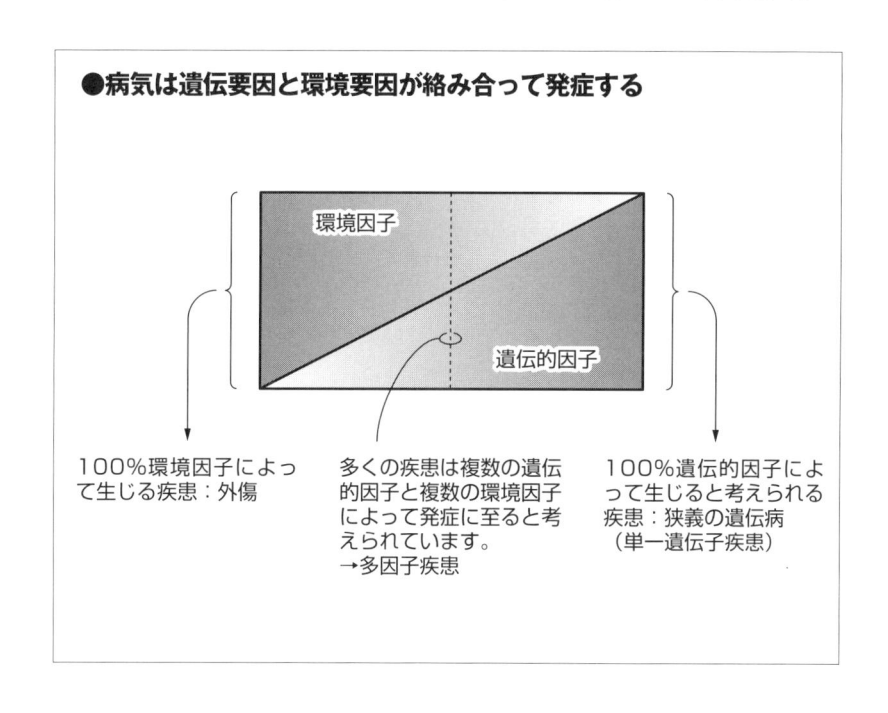

●病気は遺伝要因と環境要因が絡み合って発症する

環境因子
遺伝的因子

100％環境因子によって生じる疾患：外傷

多くの疾患は複数の遺伝的因子と複数の環境因子によって発症に至ると考えられています。
→多因子疾患

100％遺伝的因子によって生じると考えられる疾患：狭義の遺伝病（単一遺伝子疾患）

scene 13.2 遺伝要因と環境要因が絡み合った多因子疾患

　単一遺伝子疾患においては、ある単一の遺伝子の変化が病気になるかどうかを決めているわけですが、複数の遺伝的因子と複数の環境因子が関係している多因子疾患ではどうなのでしょうか？

遺伝子多型

　私たちのDNAには"ありふれた遺伝子の変化"があり、染色体上の同一部位でありながら異なるヌクレオチド配列となっているところがあります（p.96参照）。あるヌクレオチドの変化が100人に1人以上の頻度で見出され、機能的に大きな違いのない場合、このDNAの違いを遺伝子多型[*1]（DNA多型；genetic polymorphism）といいます。そして、1ヌクレオチドの違いによる多型をSNP（single nucleotide polymorphism）といい、スニップと呼ばれています[*2]。

　機能的に大きな違いがないといっても、タンパク質の形や量をごくわずか変えるような遺伝子多型がいくつも積み重なると、病気の発症になんらかの影響を及ぼしうるのではと考えられています。このような遺伝子多型を「疾患感受性遺伝子多型」あるいはたんに「疾患感受性遺伝子」といいます（疾患の「原因遺伝子」と断定していないことに注目してください）。そして、さまざまな病気の疾患感受性遺伝子多型を突きとめることができれば、病気の理解や診断治療に役立つのではという期待のもとに、現在、国際的規模で精力的な研究が進められています。

　たとえば、ある遺伝子の多型に着目して、表1のような結果が出たとしましょう。この場合のように、注目している多型を持つ人の割合が、病気の人の集団では高く、逆に病気でない人の集団では低い場合（統計学的に有意差がある場合）、注目している多型を高血圧の感受性遺伝子多型であろうと判断します。逆に、表2のように、注目している多型を

持っている人の割合が、病気の人の集団と病気でない人の集団で変わらないときは、注目している多型は高血圧の感受性遺伝子多型ではないだろうと判断します。

表1		高血圧の人100人中	高血圧でない人100人中
	注目している多型がある人	80人	30人
	注目している多型がない人	20人	70人

表2		高血圧の人100人中	高血圧でない人100人中
	注目している多型がある人	10人	10人
	注目している多型がない人	90人	90人

＊1 「遺伝子多型」とは本文中でも定義したように、遺伝子変異の一種を指しますので、たんに「遺伝子多型」といった場合は1つ1つの型を指し、また、多型には多型1、多型2……という多様性があるのです。そして、「ある多型は某疾患と関連がある」といった、いい回しをするわけです。
＊2 ヌクレオチド配列の違いが、タンパク質としてのアミノ酸配列や発現量に影響を及ぼさない場合もあり、silent mutationといいます（p.124参照）。

多因子疾患

　単一遺伝子疾患の場合は、原因となる遺伝子変異が、細胞がつくりだすタンパク質の形や量に大きな影響を及ぼして、からだの機能を乱したといえます。つまり、原因となる遺伝子変異があるかないかが、病気になるかどうかをほぼ決定しているといえるでしょう。

　しかし、多くのよくみられる病気（common disease）は、複数の遺伝的因子と複数の環境因子の相互作用によって発症にいたる「多因子疾患」と考えられています。多因子疾患においては、疾患感受性遺伝子を持つかどうかは、あくまで発症に関与する可能性のある因子の1つを持っているかどうかにすぎません。

　糖尿病や高血圧症に代表される生活習慣病も多因子疾患と位置付けられます。疾患感受性遺伝子をいくつ、どういう組み合わせで持つのか、といった複数の遺伝的要因の積み重ねと、食事、運動などの生活習慣などの環境要因が、疾患の発症に大きく影響していると考えられています。

高血圧やリウマチは遺伝するのか？

　私が専門とする関節リウマチや膠原病(こうげんびょう)の診療の現場では、「リウマチや膠原病は遺伝しますか？」とたずねられることがしばしばあります。それは、関節リウマチや膠原病の患者さんの多くは女性で、自分の子どもも発症するのではないかという不安があるからです。このような問いかけに対して、どのように答えるのが適切なのでしょうか。

　リウマチは単一の遺伝子変異を原因とする単一遺伝子疾患ではありませんし、また病気のなりやすさと遺伝的因子・環境因子との関係も全貌がはっきりとわかっていないので、私は以下のように答えています。

　「関節リウマチの患者さんが全人口に占める割合（集団内発症率）は1％以内と数えられています。一方、家族にリウマチの人がいる人たちをたくさん集めてきて、その人たちの中でリウマチの患者さんを数えると（家系内発症率）、およそ8％と計算されています。1％と8％という統計学的な違いはあるものの、家族にリウマチの方がいる人たちの92％が、リウマチを発症しないということは、実際には遺伝する心配はないのです」と。

　実際に、親子でリウマチを発症する例はごく少数ですし、たとえリウマチの発症に関与しうる遺伝子変異の1つ（疾患感受性遺伝子多型）が子どもに伝わったとしても、その変異遺伝子1つだけが原因でリウマチを発症させることはないのです。

　リウマチも、複数の遺伝的要因と複数の環境要因との相互作用によって発症にいたる「多因子疾患」と考えられているのです。

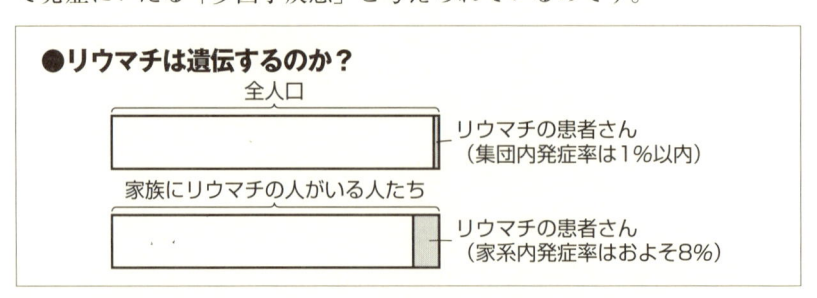

●リウマチは遺伝するのか？

全人口 ─ リウマチの患者さん（集団内発症率は1％以内）

家族にリウマチの人がいる人たち ─ リウマチの患者さん（家系内発症率はおよそ8％）

scene 13.3 「高血圧の遺伝子発見!」は本当か？

　最近、「高血圧の遺伝子が発見された！」とか「高血圧も糖尿病も遺伝子治療で治す時代がやって来る」という報道を見かけることがよくあります。

　しかし、それは高血圧の「原因遺伝子」が発見されたわけでは決してなく、高血圧の発症に関与しうる数ある「疾患感受性遺伝子多型」の1つが見つかったということに過ぎません。もちろん、1つの疾患感受性遺伝子多型を見つけるのには、大変な労力と時間がかかるわけですが。

　先ほどの表1（p.177）で、注目している遺伝子多型を持っていても高血圧でない人がいたこと、あるいは逆に注目している遺伝子多型を持っていなくても高血圧である人がいたことに注目してください。

　疾患感受性遺伝子多型を1つ持っていても高血圧でない場合というのは、図で描けば次ページのようなイメージです。

　また、注目している遺伝子多型を持っていなくても高血圧である場合というのは、他の複数の疾患感受性遺伝子多型が関与しているということを意味します。

　ですから、疾患感受性遺伝子多型を1つか2つ診断したからといって「あなたは将来○○病になる可能性があります」と告知することは決してできないし、ましてや、すぐに遺伝子治療には結びつかないわけです。

　遺伝病の「原因遺伝子」と多因子疾患の「疾患感受性遺伝子多型」とは厳密に区別して考えなければなりません。

細胞劇場

疾患感受性遺伝子多型を1つ持っていても病気になるわけではない

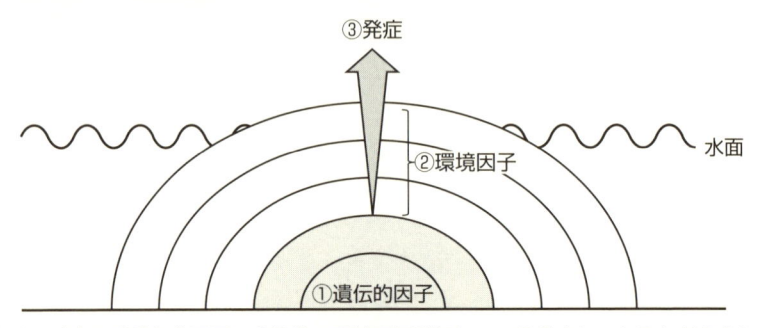

③発症

②環境因子

①遺伝的因子

水面

多くの疾患は①遺伝的因子に②複数の環境因子が加わって③発症にいたると考えられています。

↓

遺伝的因子

遺伝的因子とは、複数の疾患感受性遺伝子多型であろうと考えられています。その数は30個とも50個とも見積もられています。

↓

遺伝的因子

疾患感受性遺伝子多型を1つか2つ持っているからといって「あなたは将来○○病になりやすいです」と告知することはできません。

scene 13.4 疾患感受性遺伝子多型がなくても病気になる場合

　高血圧などの生活習慣病やリウマチといった"よくみられる病気"は、単一の遺伝子変異だけでは発症しない多因子疾患であるということをくり返しお話ししてきました。

　糖尿病の発症に関与しうる疾患感受性遺伝子多型も数十個あると推定されています。しかし、そのすべてを持っていなくても糖尿病になる場合が考えられます。それはどのようなときでしょうか。

　答え：砂糖のたくさん入ったジュースを毎日1リットル飲んで、血糖を下げるインスリン（p.76）を枯渇させれば、糖尿病になります。遺伝的因子をまったく持っていなくても環境因子（ジュース）だけで病気になりうるのです*。現在、多因子疾患の感受性遺伝子多型の探究が国際的規模で行われています。しかし、疾患感受性遺伝子多型の研究と同じくらい大切なのは環境因子が何かを突き止めることです。多くの病気は複数の遺伝的因子と複数の環境因子との絡み合いによって発症にいたると考える以上、遺伝的因子だけでなく、環境因子についての研究もさらに進めることが大切でしょう。

＊　日本人の多くがかかっている糖尿病（2型糖尿病）は、生活習慣の影響を強く受けているといわれています。運動や食事による予防・治療の研究も進んでいます。

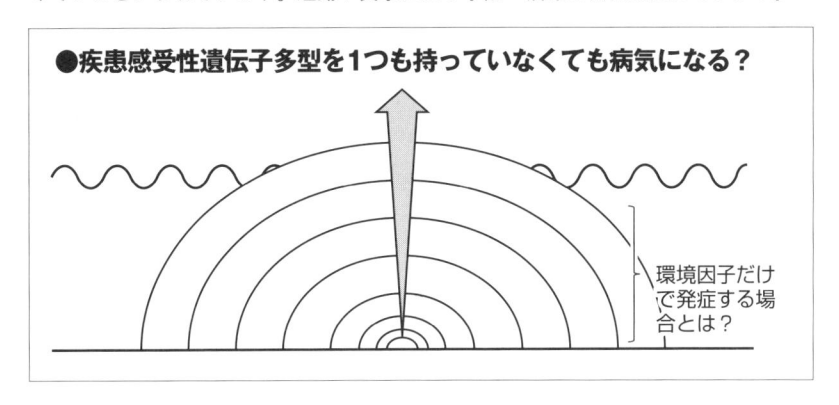

●疾患感受性遺伝子多型を1つも持っていなくても病気になる？

環境因子だけで発症する場合とは？

scene 13.5 「遺伝子診断」というより「多型診断」

「遺伝子診断」(p.193参照)ときくと、将来の生命の運命や、持って生まれた資質が診断されてしまうようなイメージを持つ人がほとんどではないでしょうか。しかし、高血圧などの多因子疾患の遺伝子診断というのは、疾患感受性遺伝子多型の有無を調べるもので、次のようなニュアンスと考えてよいでしょう。

「あそこの地面に中くらいの大きさの落とし穴があります(あなたは疾患感受性遺伝子多型を50個中15個持っています)。もしこのまままっすぐ歩いていたら(このままの生活パターンをくり返していたら)、穴にはまってしまう(発症してしまう)確率が高いので、歩き方を変えることをおすすめします」

遺伝病の"原因遺伝子"と多因子疾患の"疾患感受性遺伝子多型"とは厳密に区別して考えるべきだという話をしました。「遺伝子診断」という言葉を使うときも、遺伝病の遺伝子診断と、多因子疾患の遺伝子診断とは区別して考えるべきです。いっそのこと、多因子疾患の遺伝子診断のことを、「多型診断」と呼んでしまったほうが、よほど一般の人たちの誤解を少なくできると思うのですが。

それはともあれ、「あなたは50個ある疾患感受性遺伝子多型のうち15個持っています」と診断したところで、どのように生活環境を整えれば発症を防止することができるかをアドバイスができないようでは、真に役に立つ告知とはいえません。

「50個ある疾患感受性遺伝子多型のうち、あなたは3個しか持っていないので体質的には発症する確率は低いでしょう。でも、今のままの生活を続ければ発症してしまう危険が高いのでくれぐれも注意してください」

「50個ある疾患感受性遺伝子多型のうち、あなたは30個持っていますので、体質的に発症する確率が高いです。でも、生活スタイルを次のようにすれば発症する危険性が低くなります。それは……」
という、真に有用な診断とアドバイスができるようになるにはまだまだほど遠いのであって、たった1個の疾患感受性遺伝子多型のあるなしで「あなたは将来この病気になりやすい」と判断を下すことや「生命保険加入や就職における差別がどうのこうの」といった議論をすることは現段階ではできないのです。

疾患感受性遺伝子多型は、現在研究者たちによる血のにじむような努力によって探索が進められています。しかし、その全貌は未だに明らかではなく、欧米人において疾患感受性遺伝子多型であると判定された多型が、必ずしも日本人における疾患感受性遺伝子多型とは限らないという"多型の人種差の問題"も目の前に立ちはだかっています。

ましてや、疾患の発症に関与する環境要因にいたっては、まだわかっていないことも多く、研究しなければならないことは山積みなのです。

scene 13.6 "オーダーメイド医療"とは何か？

　遺伝子には個人差があることと関連して、患者さんの遺伝子情報にもとづく"オーダーメイド医療"という概念が、今世紀初頭になって登場してきました。目の前の患者さん一人一人に対して、薬の種類や量をさじ加減するということは、以前から努力されてきたことなのですが、患者さんの遺伝子の個人差にもとづいて、副作用が少なくなるように薬の種類や量を決めていこう、というのが個別化医療（いわゆる"オーダーメイド医療"ないし"テーラーメイド医療"）が目指すところです。

DNAのタイプを調べて治療薬を決めるとは？

　私たちが飲む薬の効き方や、副作用の出方には個人差があります。つまり、同じ薬を同じ量だけ飲んでも、効果が出る人もいれば効果が出ない人がいます。あるいは、副作用がほとんど出ない人もいれば、激しい副作用が出てしまう人がいます。このような個人差の原因の1つに、遺伝的な要素があると考えられていて、現在精力的な研究が進められています。つまり、薬が効きやすい（効きにくい）DNAのタイプや、副作用が出やすい（出にくい）DNAのタイプを突き止めることができれば、患者さんのDNAのタイプをあらかじめ調べておくことで、副作用の少ない有効な治療ができるだろうと期待されているわけです。

●シトクロムP450　　たとえば、肝臓の細胞で働くシトクロムP450という酵素は、アルコールや多くの薬物を解毒（代謝）する酵素なのですが、シトクロムP450の設計情報を担う遺伝子には、いくつかの個人差（遺伝子多型）があります。そして、あるタイプの遺伝子を持っている人は、薬物を解毒しやすいシトクロムP450をつくるので副作用が出にくい、あるいは別のタイプの遺伝子を持っている人は、薬物を解毒しにくいシトクロムP450をつくるので副作用が出やすい、ということが

明らかになりつつあります。

●**薬の効果や副作用の出やすさを決めるもの**　しかし、薬の効果や副作用の出やすさというものは、シトクロムP450の遺伝子のタイプだけで決まるわけではありません。そもそも私たちが飲んだ薬は、腸から吸収されて、血液中を流れて組織に届き、受容体や酵素などのタンパク質に結合して作用を発揮します。やがて、薬剤はシトクロムP450などの酵素による解毒作用を受けて胆汁や尿の中に排泄されるのですが、薬の効果や副作用の出やすさには、薬の吸収のしやすさ、あるいは受容体タンパクと薬との結合のしやすさ、といった複数の遺伝的要素が関わってくるのです。

また、遺伝的要素だけでなく、タバコやアルコールや同時に飲んでいる薬といった外的な要素によっても、薬の効果や副作用の出方は変わってきます。たとえば、アルコールとある種の薬を同時に飲めば、シトクロムP450はアルコールを解毒するのに忙しくなり、薬物を解毒しにくくなるので副作用が出やすくなります。逆に、慢性的に大量のアルコールを飲んでいる人では、肝臓の細胞あたりのシトクロムP450の量や活性が増えているために、飲んだ薬はシトクロムP450によってすばやく解毒されます。つまり、薬の効果が出にくくなるわけです。

多因子疾患は複数の遺伝的因子と複数の環境因子がかかわっているという話をしましたが、薬の効果や副作用の出方にも複数の遺伝的因子と複数の環境因子がかかわっているのです。ですから、「あなたのシトクロムP450の遺伝子のタイプは副作用が出にくいタイプです」と安易に診断して薬を出したとしても、副作用が出てしまうことがあるわけです。

極端なことをいえば、「あなたの遺伝子のタイプは、この薬が効くタイプですから、この薬をどうぞ」といって薬を出しても、患者さんがその薬を飲まずに捨てていれば、いつまでたっても薬の効果はあらわれません。遺伝子の個人差にもとづく"オーダーメイド医療"の時代が到来したとしても、患者さんとの信頼関係のないところに医療は成立しないということを忘れずにありたいと思います。

第13幕のまとめ

●疾患と遺伝子との関係
●遺伝病（狭義）は、単一の遺伝子の変異の影響を強く受ける疾患である（単一遺伝子疾患）。
●高血圧や糖尿病などの"よくみられる病気"は、複数の遺伝的因子（疾患感受性遺伝子多型）と複数の環境因子とが複雑に相互作用することによって発症にいたる多因子疾患であると考えられている。

●疾患感受性遺伝子多型とは何か？
●私たちのDNAは1000ヌクレオチドに1つの頻度でバリエーションがある。このようなありふれた変異を多型と呼ぶ。
●タンパク質の量や機能が若干変わり、疾患の発症にごくわずかながら寄与しうる多型を疾患感受性遺伝子多型と呼ぶ。
●疾患感受性遺伝子多型を持っているからといって、それだけで病気になるとは断定できない。
●疾患感受性遺伝子多型を1つも持っていなくても、病気になる場合がある。

●"オーダーメイド医療"とは何か？
●薬の効きやすさ（効きにくさ）や副作用の出やすさ（出にくさ）にも、複数の遺伝的因子と、複数の環境因子がかかわっていると考えられている。
●薬の効きやすさ（効きにくさ）や副作用の出やすさ（出にくさ）に寄与しうる遺伝子多型を診断し、その遺伝子多型に応じて、薬の量や種類を加減しようとするのが"オーダーメイド医療"の概念である。

第14幕
がんの分子生物学

次の会話の続きを考えてみましょう。
　　先生：がんは遺伝子の異常によって起こる病気です。
　　生徒：では、がんは遺伝するのですね？
　　先生：いいえ、遺伝するがんと遺伝しないがんとがあります。
　　生徒：だって遺伝子の病気だったら遺伝するのでしょう？
　　先生：……

　遺伝子と病気との関係を考えるとき、狭義の遺伝病（単一遺伝子疾患）とよくみられる病気（common disease）とは厳密に区別して考えなければならないという話をしましたが、今度は「がん」と遺伝子との関係について考えていきましょう。

scene 14.1 がんは遺伝するのか？

　1つの細胞が2つに増える細胞分裂は、細胞分裂を促進する一群のタンパク質たちや、細胞分裂を抑制する一群のタンパク質たちによって調節されています。細胞分裂を促進するタンパク質を設計する遺伝子を原がん遺伝子（proto-oncogene）と呼びます。一方、細胞分裂を抑制するタンパク質を設計する遺伝子をがん抑制遺伝子（tumor suppressor gene）と呼びます。これらの遺伝子が、放射線などの突然変異誘発物質によって後天的に変異することがあります。たとえば原がん遺伝子が後天的に変異して異常に活性の高い細胞分裂促進タンパクが生まれることがあります。異常に活性の高い細胞分裂促進タンパクを設計するようになった遺伝子を、がん遺伝子（oncogene）と呼びます。また、がん抑制遺伝子に突然変異が生じて、増殖抑制効果のないタンパク質が生まれることがあります。

　こうした複数の遺伝子の"後天的な変異"が積み重なることががん化の原因になります（同じ"変異"でも"よくみられる病気"に関連する"先天的"な遺伝子変異「疾患感受性遺伝子多型」とは区別してください）。

　さて、先ほどの、「がんは遺伝子の病気ということは、遺伝するのですね？」という「遺伝子の病気なら遺伝する」という誤解をとくためには、DNAを子孫に伝える生殖細胞と、子孫に伝えない体細胞とに分けて説明しなければなりません（p.102参照）。

　多くのがんは、子孫に伝わらない体細胞の遺伝子の後天的な変異が積み重なって生じたものなので遺伝しません。ところが子孫に伝わっていく生殖細胞に、がんを生じるような遺伝子の変異が、受精前にすでに起こっていたら、がんの"なりやすさ"が遺伝することになります。

（注）原がん遺伝子ががん遺伝子になるしくみには次のようなものが知られています。①原がん遺伝子自体の後天的変異によって異常に活性の高いタンパク質を生じる場合、②原がん遺伝子の量が異常に増えることによってタンパク質としての量が異常に増える場合、③原がん遺伝子の読み取りの量を調節する調節DNA配列の変化によってタンパク質の量が異常に増える場合。

細胞劇場

遺伝子の病気としてのがん

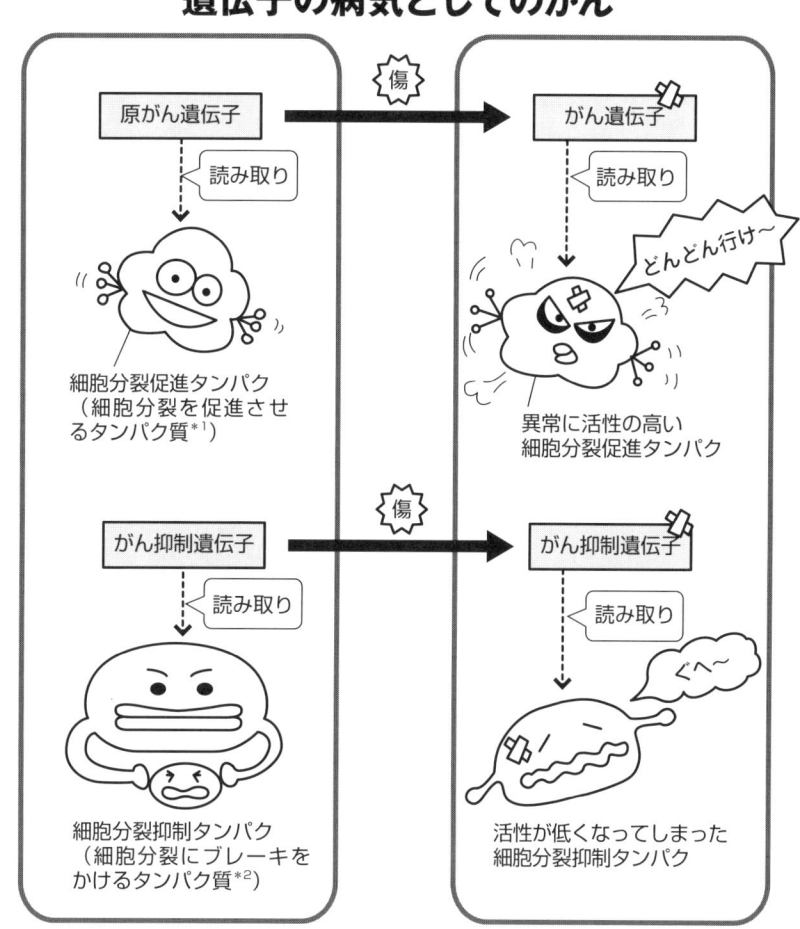

原がん遺伝子	→傷→	がん遺伝子
↓読み取り		↓読み取り
細胞分裂促進タンパク（細胞分裂を促進させるタンパク質[*1]）		異常に活性の高い細胞分裂促進タンパク（どんどん行け〜）
がん抑制遺伝子	→傷→	がん抑制遺伝子
↓読み取り		↓読み取り
細胞分裂抑制タンパク（細胞分裂にブレーキをかけるタンパク質[*2]）		活性が低くなってしまった細胞分裂抑制タンパク

▶放射線、ウイルスといった環境因子によってDNAの損傷が起こると、まずDNAの修復反応が起こります。DNAの修復に成功した細胞は正常細胞のままなのですが、DNAの修復に失敗し、異常に活性の高い細胞分裂促進タンパクや、活性の低い細胞分裂抑制タンパクを生じてしまうと、細胞はがん化の方向に向かいます。

[*1] 原がん遺伝子がコードするタンパク質としては、
①増殖因子（Sisなど）、②増殖因子の受容体（ErbB, Fmsなど）、③細胞分裂の情報伝達を担うタンパク（Grb2, Sos, Ras, Raf, MAPKなど）、④遺伝子発現調節因子（Fos, Junなど）があります。

[*2] がん抑制遺伝子がコードするタンパク質としては、p53タンパクやRbタンパクなどが知られています。

scene 14.2 がんの遺伝子治療

　生命現象の多くはタンパク質によって営まれているわけですが、タンパク質の設計情報を担う分子を遺伝子といい、その化学的な実体は核酸（DNA）です。核酸の異常によって正常なタンパク質ができないのなら、正常な核酸*を補う、あるいは核酸の異常によって有害なタンパク質ができるならば、その有害な核酸の読み取りをじゃまするのが遺伝子治療の基本的な考え方です。

●正常な遺伝子を補う

　遺伝子の異常によって正常なタンパク質ができないならば、正常な遺伝子を補って正常なタンパク質をつくらせれば治療に結びつくと考えられます。

　たとえば、がん抑制遺伝子の異常によって細胞ががん化してしまうような場合には、正常ながん抑制遺伝子を補えば、がんの治療につながるだろうと期待されています。実際にp53遺伝子というがん抑制遺伝子をがん細胞に注入する方法がいくつかの施設で試みられています。

●有害な遺伝子の読み取りをじゃまする

　遺伝子の異常によって有害なタンパク質を生じるならば、そのような設計図の読み取りをじゃまするのも治療に結びつくでしょう。たとえば、がん遺伝子の読み取りをじゃまするという治療法も開発されつつあります。第7幕でお話ししたように、核酸をつくるヌクレオチドのうち、AとT（U）、GとCとはお互いに引きあう関係にあるわけですが、このような関係を逆手にとって、遺伝子そのものや遺伝子のコピーであるメッセンジャーRNAに結合して、タンパク質として読み取られるのをじゃまする"おとり分子（アンチセンスオリゴヌクレオチド）"が開発されています。

＊正常な核酸　　より正確にいえば『正常なタンパク質をコードしている核酸』。

細胞劇場

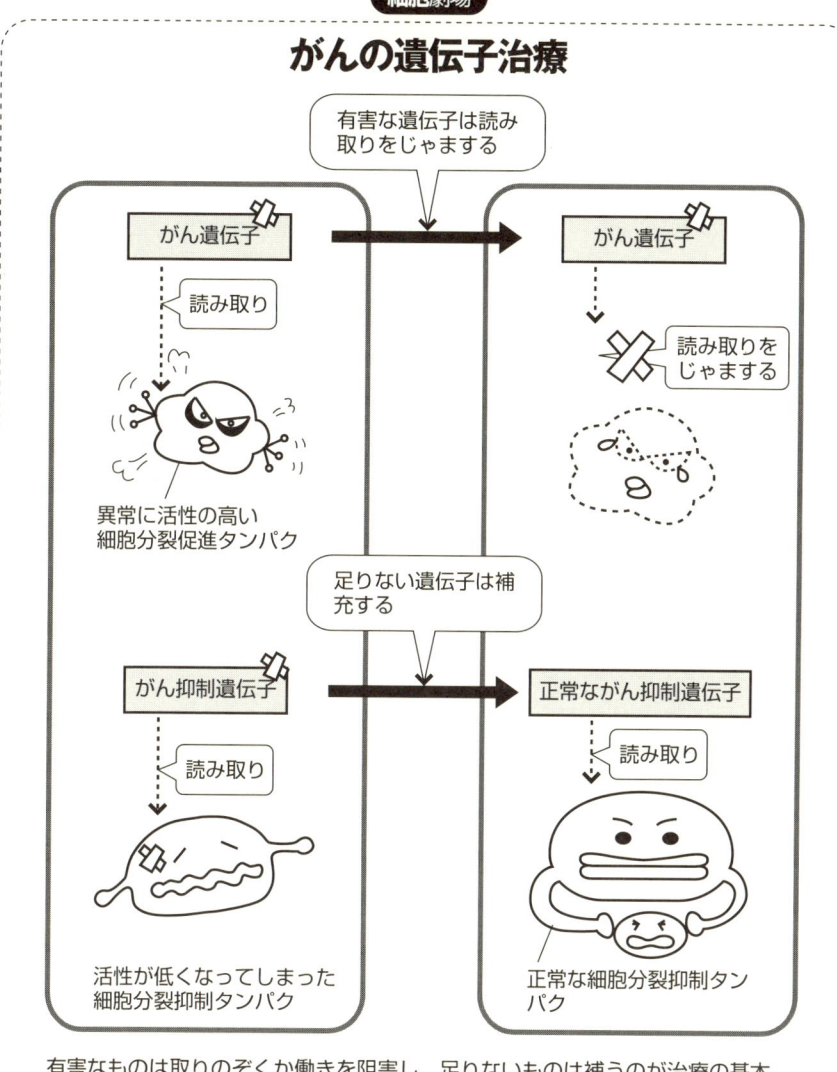

がんの遺伝子治療

有害な遺伝子は読み取りをじゃまする

| がん遺伝子 → がん遺伝子 |
| 読み取り |
| 異常に活性の高い細胞分裂促進タンパク |
| 読み取りをじゃまする |

足りない遺伝子は補充する

| がん抑制遺伝子 → 正常ながん抑制遺伝子 |
| 読み取り |
| 活性が低くなってしまった細胞分裂抑制タンパク |
| 正常な細胞分裂抑制タンパク |

　有害なものは取りのぞくか働きを阻害し、足りないものは補うのが治療の基本。
　がんの遺伝子治療も、がん遺伝子という有害な遺伝子は読み取りを阻害し、足りないがん抑制遺伝子は補充するのが基本的な考え方です。

（注）がんの遺伝子治療としては、その他に、免疫療法（免疫細胞を活性化するタンパク質をコードする遺伝子を免疫細胞に導入してがん細胞を傷害する方法）、プロドラッグ療法（有毒物質をつくり出す遺伝子をがん細胞にだけ導入し、がん細胞自らに有毒物質をつくらせて傷害する方法）などがあります。

scene 14.3 遺伝子治療はどこまで許されるのか？

　足りない遺伝子は補い、有害な遺伝子は読み取りをじゃまする、遺伝子治療の考え方は原理的には簡単なのですが、遺伝子治療はどこまで許されるのでしょうか。

　まず、からだの細胞を子孫に残す生殖細胞（精子・卵）と、子孫に残さない細胞（体細胞）とに分けて考えてみましょう。子孫に残す細胞（生殖細胞）に遺伝子治療することは、その影響が子孫に残るので許されません。

　では、子孫に残さない体細胞になら遺伝子治療は許されるのでしょうか。この場合にも条件があります。つまり、あらゆる治療の手だてをしてきたが、効果がなく、ほかに治療の手段がない場合においてのみ許される、ということです。

　遺伝子治療という行為には多額の費用、そして多大なリスクを伴います。遺伝子（核酸）を細胞内に入れる方法として、多くの場合はウイルスを使います。そのウイルスの副作用がゼロとはいえず、遺伝子治療行為自体による死亡例も1999年に報告されています。また、体細胞への遺伝子治療が許されるとはいっても、体細胞への遺伝子治療の影響が100％生殖細胞に影響を及ぼさないとはいい切れないでしょう。

　このようなリスクを伴う治療行為をあえてする意味は何でしょうか。それは、目の前の重篤な患者さんに対して、あらゆる手だてをしてきたがもはやほかに手段がない場合においてリスクを冒してでも悲願をかけて行う、そういった状況のもとに行う治療行為こそが「遺伝子治療」の本来の意味なのではないでしょうか。

scene 14.4 がんの遺伝子診断

　第13幕で、ひとことに「遺伝子診断」といっても、遺伝病（単一遺伝子疾患）の遺伝子診断と多因子疾患の遺伝子診断とでは、まったく意味合いが異なるという話をしました。
　同じように、ひとことに「がんの遺伝子診断」といっても、遺伝性のがんの遺伝子診断と、遺伝しないがんの遺伝子診断の場合とでは、まったく意味合いが異なります。

遺伝性のがんの遺伝子診断

　がん全体の5〜10％は、遺伝性のがんだと推定されています。つまりがんの"なりやすさ"が遺伝する場合においては、遺伝子診断は遺伝病の遺伝子診断と同じ意味合いをもっています。
　遺伝性のがんには、家族性大腸腺腫症や家族性乳がんなどがあります。家族性大腸腺腫症においては、APCというがん抑制タンパクの遺伝子の変異が遺伝することによって、大腸がんが発症しやすくなります。
　また、家族性乳がんの場合には、BRCA1もしくはBRCA2というがん抑制タンパクの遺伝子の変異が遺伝することによって、乳がんが発症しやすくなることが知られています。
　したがって、これらの遺伝子の変異を検出することができれば、がんになりやすい体質を診断して、がんの早期発見・早期治療に役立てることができるだろう、と謳われています。
　しかし、遺伝病の遺伝子診断と同じように、遺伝子診断後のカウンセリングや、遺伝子に変異がある家系を差別から守るシステムを確立することのないまま、遺伝子診断の技術開発だけを先走らせるのは望ましくありません。

遺伝しないがんの遺伝子診断

　多くのがんは遺伝しないのですが、がんができているかどうかを調べるために、血液や痰の中に変異した原がん遺伝子やがん抑制遺伝子があるかどうか調べる方法も「がんの遺伝子診断」と呼ばれます。

　もしくは、がんの悪性度や抗がん剤の効きやすさといった「がんの性質」を調べるために、個々のがん遺伝子の変異の有無を調べる方法も開発されています。

　これらの方法は、DNAを使った「がんの存在診断」、「がんの性状診断」といえるので、「遺伝子診断」ときいて多くの人たちがイメージする遺伝性疾患の遺伝子診断とは意味合いがまったく異なっています。

　ちなみに、痰や尿の中にウイルスや結核菌などの微生物の遺伝子があるかどうかを調べる方法も「遺伝子診断」と呼ばれています。

　以上説明してきたように、「遺伝子診断」という言葉には、当てはめる疾患によってまったく異なった意味合いがあるので、もう一度整理してみましょう。

●**遺伝子診断の分類**
（1）狭義の遺伝性疾患の遺伝子診断
　・遺伝病（単一遺伝子疾患）の遺伝子診断
　・遺伝性のがん（がん全体の5〜10％）の遺伝子診断
（2）多因子疾患の疾患感受性遺伝子多型の診断
（3）非遺伝性疾患の遺伝子診断
　・非遺伝性のがん（ほとんどのがん）の存在診断、性状診断
　・ウイルスや結核菌などの微生物の存在診断

Tea Room ［ティールーム］ 「遺伝子」という誤解を招きやすい用語

　「がんは遺伝子の病気です」と聞いて、「遺伝子の病気だったら遺伝するのでしょう？」という誤解が生まれてしまうのは、無理もありません。「遺伝子」という言葉には、すでに「遺伝」という文字が入っているわけですし（もともと、遺伝子という言葉には、遺伝形質を決める因子という意味が含まれています）、「がんは遺伝子の変異によって起こる」と聞けば、高校で習った「突然変異は遺伝する」を連想するでしょうから。

　確かに「遺伝子」は生殖細胞に入れば子孫に伝わる、すなわち「遺伝」する情報ですが、「遺伝」する面を強調しすぎたこの名前のせいで、「遺伝子の病気なのに、遺伝する病気と遺伝しない病気があるとはわけがわかりません」ということになるわけです。

　「遺伝子診断」と聞いて、運命が宣告されてしまうかのようにイメージする人が多いのも、あるいは「遺伝子治療」がしばしば物々しくとらえられるのも、「遺伝子」という言葉の響きが悪いからという面もあるでしょう。

　そこでいっそのこと「遺伝子」という言葉を「核酸」という言葉に置き換えてみたらどうでしょうか。「がんは遺伝子の病気」を「がんは核酸の病気」と、「遺伝子治療」を「核酸治療」といい換えてみるのです。

・生殖細胞の核酸に生じた後天的変異は遺伝する
・体細胞の核酸に生じた後天的変異は遺伝しない
・生殖細胞の核酸に操作を加えることは許されない
・体細胞の核酸に操作を加えることは条件付きで許される

　これですっきりすると思うのですが、「核酸の病気」や「核酸治療」だと先端医療っぽく聞こえないので、はやらないでしょう。

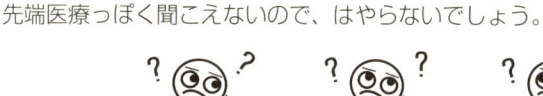

> もっとくわしく　　DNAを分析する方法

●ポリメラーゼ連鎖反応法について

　ポリメラーゼ連鎖反応法（polymerase chain reaction; PCR法）は、試験管の中でDNAの特定の領域を増やす方法です。この方法によって、血液や尿に混じっている細胞の中に含まれる微量のDNAを簡単に増やすことができるようになり、がんの原因となるようなDNAの突然変異があるかどうかを調べたり、結核菌やウイルスなどの微生物のDNAがあるかどうかを調べる診断技術へと応用されています。

　PCR法は原理的には、細胞が自分のDNAを増やすやり方と同じです。つまり、DNAポリメラーゼによってDNAを2倍2倍に増やしていくやり方です。

　ただし、細胞の中でDNAを増やす場合には、ヘリカーゼというタンパク質が2本鎖DNAを1本鎖DNAにほどくのに対して、PCR法では2本鎖DNAを95℃前後の高温下に置くことによって、1本鎖DNAにほどきます。また、DNAポリメラーゼも95℃前後の高温に耐えうるものを使います（熱耐性DNAポリメラーゼ）。

　また、細胞の中でDNAを増やす場合にはDNAの全領域を増やすのですが、PCR法の場合にはプライマーという10～20ヌクレオチドの1本鎖DNA断片にはさまれた特定の領域だけを増やします。プライマーとは、DNAの合成開始（プライミング）に必要な、特定の配列を持ったヌクレオチド鎖です（熱耐性DNAポリメラーゼは、DNAを5′から3′の方向にのばしていくので、プライマーもそれを考慮に入れて図のようにデザインする必要があります）。

　具体的には、PCR法は次のようなサイクルからなります。

1. 試験管の温度を95℃前後にすると、2本鎖DNAが1本鎖DNAになる。
2. 試験管の温度を55℃前後にすると、1本鎖になったDNAにプライマーが図のように結合する。
3. 試験管の温度を72℃前後にすると、プライマーから先の部分のDNAを熱耐性DNAポリメラーゼがのばしていく。
4. 試験管の温度を再び95℃前後にして、2本鎖DNAを1本鎖DNAにして、2→3の反応をくり返す。

　以上の1から3までの1サイクルは数分で終了するので、このサイクルを30回くり返しても2～3時間もあれば終わってしまいます。

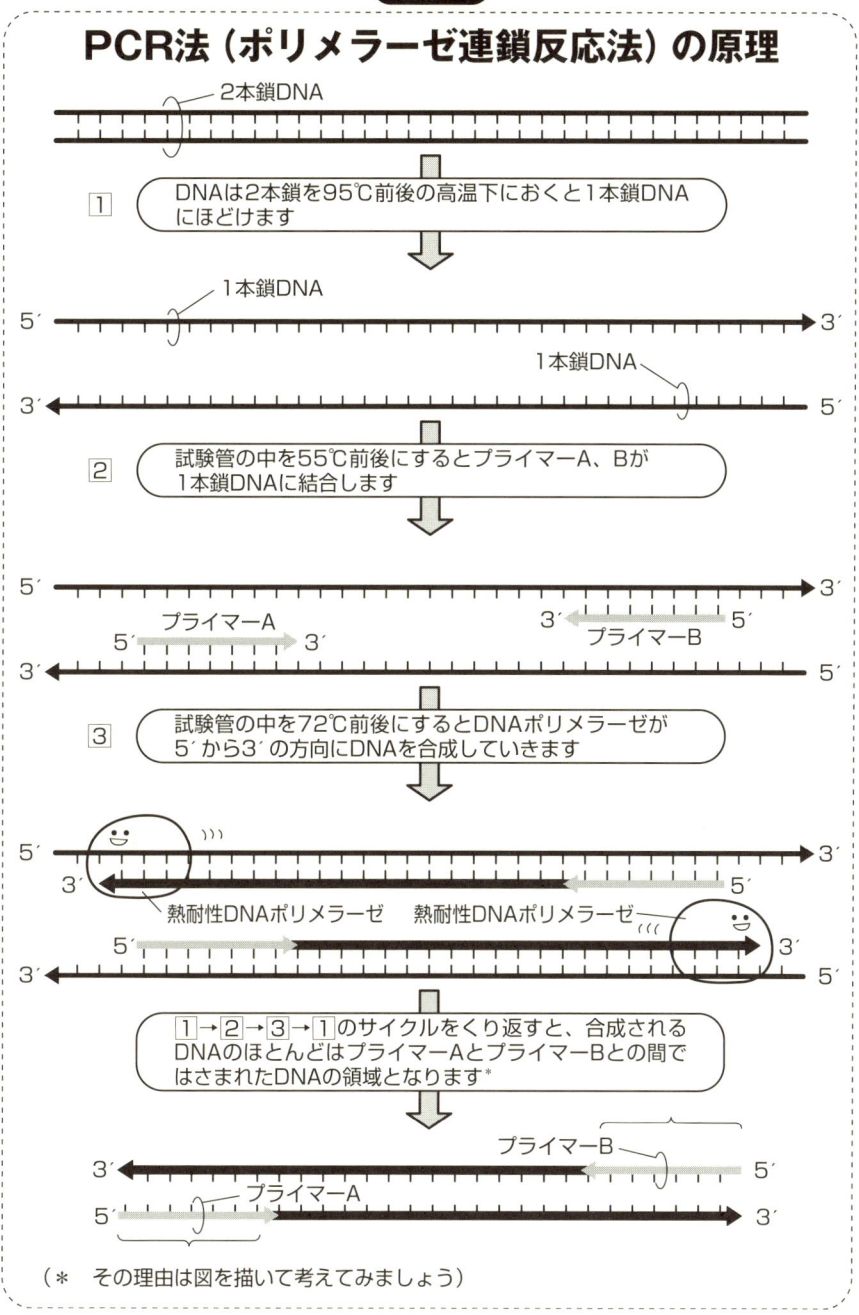

細胞劇場

PCR法（ポリメラーゼ連鎖反応法）の原理

2本鎖DNA

1　DNAは2本鎖を95℃前後の高温下におくと1本鎖DNAにほどけます

↓

5'　1本鎖DNA　3'

3'　1本鎖DNA　5'

2　試験管の中を55℃前後にするとプライマーA、Bが1本鎖DNAに結合します

↓

5'　　　　　　　　　　　　　　　　　　　　　　3'
　　5'　プライマーA　3'　　　　3'　プライマーB　5'
3'　　　　　　　　　　　　　　　　　　　　　　5'

3　試験管の中を72℃前後にするとDNAポリメラーゼが5'から3'の方向にDNAを合成していきます

↓

5'　　　　　　　　　　　　　　　　　　　　　　3'
3'　←　　　　　　　　　　　　　　　　　　5'
　　熱耐性DNAポリメラーゼ　　熱耐性DNAポリメラーゼ
5'　　　　　　　　　　　　　　　　　　　→　3'
3'　　　　　　　　　　　　　　　　　　　　　　5'

1→2→3→1のサイクルをくり返すと、合成されるDNAのほとんどはプライマーAとプライマーBとの間ではさまれたDNAの領域となります*

↓

3'　←　　　　　　　　　　　　プライマーB　5'
5'　プライマーA　→　　　　　　　　　　　　3'

（＊　その理由は図を描いて考えてみましょう）

●遺伝子変異を検出するPCR-SSCP法について

　今説明したPCR法の応用として、PCR-SSCP法という技術を紹介します。それは、PCR法で増やしたDNA断片に変異/多型があるかどうかを調べる方法です（SSCPはsingle-strand conformation polymorphismの略で、「一本鎖DNA高次構造多型」と訳されます）。

　PCR-SSCP法では、DNAがホルムアミドと加熱によって1本鎖にしたときの立体構造が、変異のあるなしで変わってくることに着目しています。具体的には次のような手順を踏んでいます。

(1) まず、先ほどのPCR法で増やしたDNAを、ホルムアミドと95℃前後の熱を加えて1本鎖にします（変性）。このときの立体構造（com-formation）は、DNAに変異がある場合とない場合とでは違っています。

(2) 変性させたDNAを、ポリアクリルアミドでできたゲル板に図のようにのせて、直流の電気を流します。DNAはマイナスに荷電しているので、DNAの断片は陰極から陽極の方向に移動します。ゲルは網状の構造をしているのですが、直流の電流をかけることによって、DNAは編み目をくぐり抜けるようにして移動するのです。これを電気泳動といいます。

(3) 変性させたDNAの立体構造は、変異がある場合とない場合とで異なるので、ゲルという編み目のくぐり抜けやすさが異なってきます。すなわち、ゲルの中での移動度が変化した場合に、それは変異配列であると判定できるわけです。

　以上の方法は、遺伝子変異/多型を効率的に検出する方法として、日本の関谷剛男博士によって開発され（PNAS 1989：86：2766）、1990年台から世界的に普及しました。

細胞劇場

PCR-SSCP法のしくみ

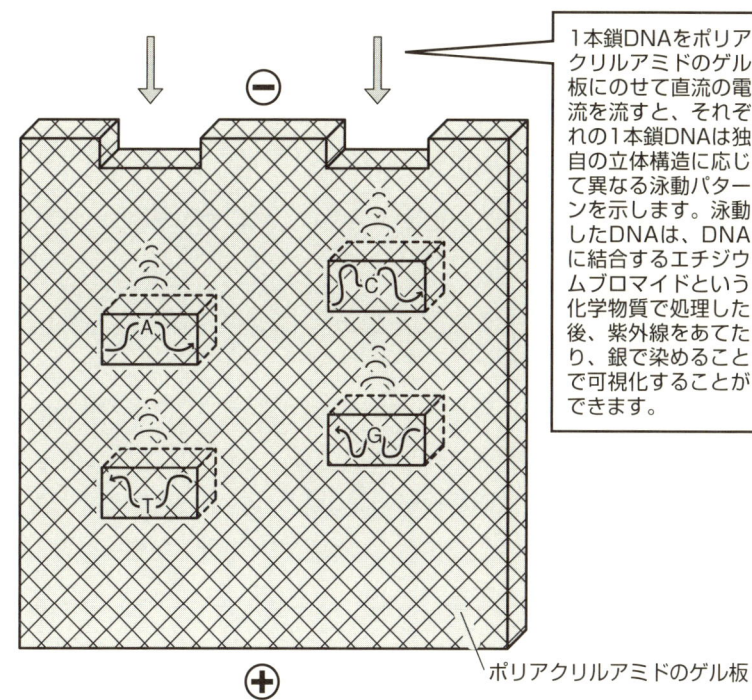

多型1　　　　　多型2

2本鎖DNA
—A→　　　—C→
←T—　　　←G—

⇩　　　　　⇩

変性した
1本鎖DNA

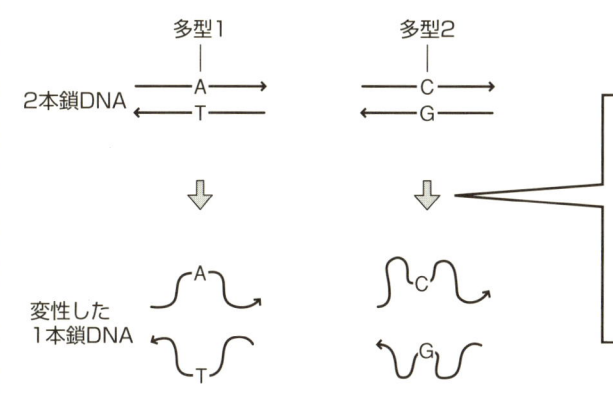

> PCR法で増やしたDNA2本鎖をホルムアミドと95℃前後の高熱によって1本鎖にすると、1本鎖DNAは多型のパターンに応じてそれぞれ異なる立体構造をとります。

⇩　　　　　⇩

(−)

[ポリアクリルアミドのゲル板上で A, C, T, G が泳動する図]

> 1本鎖DNAをポリアクリルアミドのゲル板にのせて直流の電流を流すと、それぞれの1本鎖DNAは独自の立体構造に応じて異なる泳動パターンを示します。泳動したDNAは、DNAに結合するエチジウムブロマイドという化学物質で処理した後、紫外線をあてたり、銀で染めることで可視化することができます。

(＋)

ポリアクリルアミドのゲル板

(ゲル板は網目構造をしており、DNAはそこを通って正電極(＋)まで移動します)

第14幕のまとめ

●がんは遺伝病か？
- 多くのがんは、子孫に残さない細胞（体細胞）の原がん遺伝子やがん抑制遺伝子に、"後天的変異"がいくつも積み重なって発症にいたるので遺伝しない（"よくみられる病気"における疾患感受性遺伝子多型は、"先天的な変異"である）。
- しかし、子孫に残す細胞（生殖細胞）の原がん遺伝子やがん抑制遺伝子に、がん化を引き起こすような変異を生じていれば、がんのなりやすさが遺伝することになる。

●遺伝子治療の概念
- 足りない遺伝子は補い、有害な遺伝子は読み取りをじゃまするのが遺伝子治療の原理である。
- 生殖細胞への遺伝子治療は許されない。
- 体細胞への遺伝子治療は、治療手段として他に手段がないときのみ許される。

●遺伝子診断の概念
- 遺伝病（単一遺伝子疾患）や遺伝性のがんの場合：疾患の発症に強く影響を及ぼす変異の有無を診断する。
- 多因子疾患の場合：数ある疾患感受性遺伝子多型の有無を検出する。
- 非遺伝性のがんや感染症の場合：核酸を使った微生物やがんの"存在診断"という意味合いがある。

長旅おつかれさまでした

あとがき

　中学時代、私は「生物」の授業が"大"嫌いでした。忘れもしません、中1の時の「生物」の期末テストで46点をとったのです。あと6点で落第です。当然担任の先生にひどく叱られたのですが、「ゼニゴケ・スギゴケ・イヌワラビ、そんなもの覚えても……」といっこうに反省しませんでした（実際にはただ覚えられなかっただけなのですけれども）。高校に進んでも「生物」嫌いは相変わらず。リソソームだのリボソームだの「かんべんしてよ」という感じでした。

　ところが、大学に進んでレーニンジャーの「生化学」（第2版、1973年初版、共立出版株式会社）という本に出会った時、私は目から鱗が落ちるのを経験しました。その本に書かれてあったのは、単なるカタカナの羅列でもなく、単なる事実の寄せ集めでもありませんでした。その本には、一貫した論理が日常の言葉で書かれてあったのです。私は感動のあまりに、来る日も来る日も夢中になって書き写しました。難しいことを難しく語るのは簡単である、難しいことを日常の言葉で、しかも一貫した論理をもって語ることこそ大切である、ということをこの時に覚えました。レーニンジャーの本との出会いが現在の道に進むきっかけのひとつであったと言っても過言ではありません。

　運命的な出会いから13年が経ちました。この間に生化学・分子生物学の分野は恐ろしいほどまでに進展してきました。すなわち、1990年には遺伝子治療が現実的に実施されはじめたものの、1999年には遺伝子治療行為による死亡例が報告されて、遺伝子治療の反省期となりました。また、遺伝子治療が実施された年と同じ1990年には「ヒト・ゲノム計画」が発足され、2001年にはヒトのDNAの構造がほぼ解明されました。

　このように年ごとに、いいえ月ごと日ごとにめまぐるしく進展している分子生物学を勉強することは、決して簡単なことではありません。しかし、私は少しでも多くの方々といっしょに難解な分子生物学を理解していく過程を共通体験したいと思い、筆を執りました。分子生物学が生命現象や病態生理のすべてを解き明かすなどとは毛頭思っていませんが、分子生物学が解き明かしてきた生命現象のなぞの数々は、たとえ部分的で断片的であ

あとがき

っても魅惑にあふれています。その魅惑をほんの少しでもお伝えすることができれば幸いです。

今回も多田富雄先生をはじめ、山口葉子様、イラストの一部を描いて下さった西元愛香様、講談社サイエンティフィク國友奈緒美様、そしてここには書ききれないほど多くの人たちに支えられてこの本は生まれました。心を込めて皆様に捧げたいと思います。

2002年10月

萩原清文

引用参考文献

A. L. レーニンジャー　生化学－細胞の分子的理解－上・下、第2版、中尾　眞監訳、共立出版、1977年（上巻）、1978年（下巻）
浅島　誠　発生のしくみが見えてきた（高校生に贈る生物学4）、岩波書店、1998年
岡田節人　からだの設計図－プラナリアからヒトまで－、岩波新書、1994年
大野　乾　大いなる仮説、羊土社、1991年
大野　乾　続・大いなる仮説、羊土社、1996年
大野　乾　未完　先祖物語　遺伝子と人類誕生の謎、羊土社、2000年
榊　佳之　ヒトゲノム－解読から応用・人間理解へ－、岩波新書、2001年
多田富雄　免疫の意味論、青土社、1993年
多田富雄　生命の意味論、新潮社、1997年
多田富雄　免疫・「自己」と「非自己」の科学（NHK人間大学）1998年、NHKブックス、2001年
多田富雄・中村雄二郎編　生命－その始まりの様式　誠信書房　1994年
中村桂子・松原謙一監訳　細胞の分子生物学　第6版、ニュートンプレス、2017年
萩原清文 作・画　多田富雄・谷口維紹監修　マンガ免疫学、哲学書房、1996年
萩原清文 作・画　多田富雄・谷口維紹監修　マンガ分子生物学、哲学書房、1999年
萩原清文 著　多田富雄監修　好きになる免疫学、講談社、2001年
Bruce Alberts et al.　Essential細胞生物学、中村桂子他監訳、南江堂、1999年
柳澤桂子　生命科学への招待　「いのち」とはなにか、講談社、1989年、講談社学術文庫、2000年
柳澤桂子　卵が私になるまで　－発生の物語－、新潮選書、1993年
柳澤桂子　遺伝子医療への警鐘、岩波書店、1996年
柳澤桂子　生命の未来図（NHK人間講座）、2002年
ルドルフ・ウイルヒョウ　細胞病理学、南山堂、1957年
Developmental Biology 8th Edition, Scott F. Gilbert, Sinauer Associates Inc, 2006

索引

《あ》
アクチベータータンパク（activator protein）148
アクチビン（activin）168
アゴニスト（agonist）82
アデニル酸シクラーゼ（adenylate cyclase）64
アデニン（adenine）90
アポトーシス（apoptosis）66
アミノアシルtRNA合成酵素（aminoacyl tRNA synthetase）127
アミノ酸（amino acid）30
アロステリック酵素（allosteric enzyme）41
アロステリック部位（allosteric site）41
アンタゴニスト（antagonist）82
アンチコドン（anticodon）126

《い》
イオンチャネル連結型受容体（ion-channel-linked receptor）68
1遺伝子1酵素説（one gene-one enzyme hypothesis）135
一酸化窒素（nitric oxide, NO）84
遺伝（inheritance）99
遺伝子（gene）
　　——の定義 96, 142
　　——型（genotype）100, 105
　　——再編成（gene rearrangement）136
　　——発現（gene expression）142
　　——多型（genetic polymorphism）176
　　——調節タンパク（gene regulatory protein）144
　　——治療（gene therapy）190
　　——診断 193
インスリン（insulin）76
　　——抵抗性改善薬 76
インテグリン（integrin）23
イントロン（intron）138

《う・え・お》
ウラシル（uracil）90
運搬RNA（transfer RNA, tRNA）126
エキソン（exon）138
壊死（necrosis）66
塩基（base）90
炎症（inflammation）83
炎症性サイトカイン（pro-inflammatory cytokine）83
オーダーメイド医療 → 個別化医療
岡崎断片（岡崎フラグメント）112

《か》
解糖（glycolysis）50
外胚葉（ectoderm）162
核（nucleus）88
核酸（nucleic acid）16, 88
カタボライト遺伝子アクチベータータンパク（catabolite gene activator protein；CAP）148
活性部位（active site）38
カドヘリン（cadherin）24
　　E-——24
　　N-——24
がん（cancer）188
　　——遺伝子（oncogene）188
　　——の遺伝子診断 193
　　——の遺伝子治療 190
　　——抑制遺伝子（tumor suppressor gene）188

《き・く》
器官（organ）25
基質（substrate）38
　　——特異性 39
キナーゼ（kinase）43

203

ギャップ結合（gap junction） 60
局所的化学伝達物質（local chemical transmitter） 61
グアニル酸シクラーゼ（guanylate cyclase） 84
グアニン（guanine） 90
クエン酸回路（citric acid cycle） 51

《け・こ》
形質（character） 99
形成体（organizer） 164
結合組織（connective tissue） 20, 22
ゲノム（genome） 96
原核細胞（procaryote） 88, 132, 154
原がん遺伝子（proto-oncogene） 188
原口（blastopore） 164
減数分裂（meiosis） 105
顕性（dominant） 100
原腸形成（gastrulation） 160
原腸胚（gastrula） 160
呼吸（respiration） 46
　　好気――（aerobic respiration） 46
　　嫌気――（anaerobic respiration） 46
交叉（crossing over） 107
酵素（enzyme） 38
　　――連結型受容体（enzyme-linked receptor） 68
抗体（antibody） 136
　　膜結合型―― 140
　　分泌型―― 140
コドン（codon） 124
コラーゲン（collagen） 22
個別化医療（personalized medicine） 184

《さ》
細胞（cell） 14
　　――骨格（cytoskeleton） 22
　　――小器官（organelle） 18
　　――膜（cell membrane） 14
細胞外マトリックス（extracellular matrix） 22
細胞内情報伝達（intracellular signaling） 63

サイクリック AMP（cyclic AMP） 64, 150
サイクリック GMP（cyclic GMP） 84
サイトカイン（cytokine） 83

《し》
脂質（lipid） 14
疾患感受性遺伝子多型（disease susceptibility genetic polymorphism） 181
シトシン（cytosine） 90
シナプス（synapse） 61
脂肪細胞（adipocyte） 74
脂肪酸（fatty acid） 17
姉妹染色分体（sister chromatid） 103
シャペロン（chaperone） 129
ジャンク DNA（junk DNA） 118, 142
樹状突起（dendrite） 21
受容体（receptor） 61, 68
常染色体（autosome） 102
情報伝達（signal transduction） 59
真核細胞（eucaryote） 88, 133, 154
神経細胞（neuron） 21, 61
神経伝達物質（neurotransmitter） 61
神経管（neural tube） 166

《す・せ・そ》
ステロイドホルモン（steroid hormone） 68, 82
ステロイド剤 83
スプライシング（splicing） 138
スルホニルウレア剤（sulfonylurea） 76
生化学（biochemistry） 9
精子（sperm） 102
生殖細胞（germ cell） 102
生成物（product） 38
性染色体（sex chromosome） 102
セカンドメッセンジャー（second messenger） 64
接着分子（adhesion molecule） 24
染色質（chromatin） 94
染色体（chromosome） 94
潜性（recessive） 100
増殖因子（growth factor） 79

相同染色体（homologous chromosomes）104
組織（tissue）20
　　筋——（muscle tissue）21
　　上皮——（epitherial tissue）20
　　神経——（nervous tissue）21
　　結合——（connective tissue）20、22

《た行》
体細胞（somatic cell）102
体細胞分裂（somatic division, mitosis）105
対立遺伝子（allele）104, 105
多因子疾患（multifactorial disease）176
択一的スプライシング（alternative splicing）138
多型（polymorphism）→ 遺伝子多型
脱水素酵素（dehydrogenase）51
脱炭酸酵素（decarboxylase）51
単一遺伝子疾患（single gene disease）174
タンパク質（protein）30
チミン（thymine）90
中性脂肪（triglyceride）17
中胚葉（mesoderm）162
　　——誘導（mesoderm induction）168
調節DNA配列（regulatory DNA sequence）142, 150
対合（pairing）105
デオキシリボ核酸（deoxyribonucleic acid）→ DNA
電子伝達（electron transport）53
転写（transcription）120, 122
転写因子（transcription factor）144
転写開始部位（promoter）148

《な行》
内胚葉（endoderm）162
ニトログリセリン（nitroglycerin）84
ヌクレオチド（nucleotide）88
ノルアドレナリン（noradrenalin）64

《は行》
発生（development）159
胚（embryo）159
ヒストン（histone）94
非ステロイド性消炎鎮痛薬（non-steroidal antiinflammatory drug, NSAID）83
ヒト・ゲノム（human genome）96
表現型（phenotype）100
ピルビン酸（pyruvic acid）50
フィードバック阻害（negative feedback regulation）41
フィブロネクチン（fibronectin）22
複製（replication）110
ブドウ糖（glucose）48
プログラムされた細胞死（programmed cell death）→ アポトーシス
プロスタグランジン（prostaglandin）82
プロテオグリカン（proteoglycan）22
分子生物学（molecular biology）9
ペプチジルトランスフェラーゼ（peptidyl transferase）130
ペプチド結合（peptide bond）32
ヘモグロビン（hemoglobin）46
　　——遺伝子 151
ヘリカーゼ（helicase）112
胞胚（blastula）160
ホスファターゼ（phosphatase）43
ポリペプチド鎖（polypeptide chain）30
ポリメラーゼ連鎖反応（polymerase chain reaction）196
ホルモン（hormone）61
翻訳（translation）124

《ま行》
膜タンパク（membrane protein）14
膜貫通タンパク（transmembrane protein）14
マスター転写因子（master transcription factor）170, 171
ミトコンドリア（mitochondria）18
メッセンジャーRNA（messenger RNA, mRNA）120

《や行》

誘導（induction）
　　発生における―― 164
　　遺伝子発現における―― 146

《ら行》

リプレッサータンパク（repressor protein） 147
リボ核酸（ribonucleic acid, RNA） 88
リボソーム（ribosome） 128
リソソーム（lysosome） 18
リン酸化（phosphorylation） 43
リン脂質（phospholipid） 14
ルシフェリン（luciferin） 58
ルシフェラーゼ（luciferase） 58
レプチン（leptin） 74

【英文索引】

A（アデニン；adenine） 90
A部位（A site） 128
α-グルコシダーゼ阻害薬 76
ADP（アデノシン二リン酸；adenosine diphosphate） 48
ATP（アデノシン三リン酸；adenosine triphosphate） 48
　　――合成酵素（ATP synthase） 53
B細胞（B cell） 136
　　――受容体（B cell recepter, BCR） 136
C（シトシン；cytosine） 90
DNA（デオキシリボ核酸；deoxyribonucleic acid） 16, 88
　　――ポリメラーゼ（DNA合成酵素；DNA polymerase） 110, 114
　　――リガーゼ（DNA ligase） 112
E2Fタンパク 80
G（グアニン；guanine） 90
Gsタンパク 64
Gタンパク連結型受容体 68
FAD（フラビン・アデニン・ジヌクレオチド；flavin adenine dinucleotide） 52
NAD（ニコチンアミド・アデニン・ジヌクレオチド；nicotinamide adenine dinucleotide） 52
Hoxタンパク 172
P部位（P site） 128
Rbタンパク 79
RNA（リボ核酸；ribonucleic acid）
　　――スプライシング（RNA splicing） 138
　　――プライマー（RNA primer） 114
　　――ポリメラーゼ（RNA合成酵素；RNA polymerase） 120
SNP（single nucleotide polymorphism：「1ヌクレオチド多型」と略すべきだが日本では「1塩基多型」と訳されている） 176
T（チミン；thymine） 90
T細胞（T cell） 134
　　――受容体（T cell recepter, TCR） 134
TNF-α（腫瘍壊死因子-α, tumor necrosis factor-α） 83
U（ウラシル；uracil） 90

【人物索引】

ジャコブ（Francois Jacob, 1920-2013） 147
シュペーマン（Hans Spemann, 1869-1941） 164
フィルヒョー（Rudolf Virchow, 1829-1902） 26
フック（Robert Hooke, 1635-1703） 28
マンゴルド（Hilde Mangold, 1898-1924） 164
メンデル（Gregor Johann Mendel, 1822-1884） 99
モノー（Jacques Monod, 1910-1976） 147

監修者紹介

多田 富雄（ただ とみお）

1959年　千葉大学医学部卒業
千葉大学教授、東京大学教授、東京理科大学生命科学研究所
所長を歴任。東京大学名誉教授。医学博士
2010年4月　逝去

著者紹介

萩原 清文（はぎわら きよふみ）

1995年　東京大学医学部卒業
2001年　東京大学大学院医学系研究科内科学専攻修了
現　在　JR東京総合病院　リウマチ・膠原病科　主任医長
　　　　医学博士

NDC 464　　206 p　　21cm

好きになるシリーズ

好きになる分子生物学（すきになる ぶんしせいぶつがく）

2002年12月 1日　第1刷発行
2025年 2月 6日　第25刷発行

著　者	萩原清文（はぎわらきよふみ）	
発行者	篠木和久	
発行所	株式会社　講談社	KODANSHA
	〒112-8001　東京都文京区音羽2-12-21	
	販　売　(03)5395-5817	
	業　務　(03)5395-3615	
編　集	株式会社　講談社サイエンティフィク	
	代表　堀越俊一	
	〒162-0825　東京都新宿区神楽坂2-14　ノービィビル	
	編　集　(03)3235-3701	
印刷所	株式会社双文社印刷	
製本所	株式会社国宝社	

落丁本・乱丁本は、購入書店名を明記のうえ、講談社業務宛にお送り下さい。送料小社負担にてお取替えします。
なお、この本の内容についてのお問い合わせは講談社サイエンティフィク宛にお願いいたします。
定価はカバーに表示してあります。

© Kiyofumi Hagiwara, 2002

本書のコピー、スキャン、デジタル化等の無断複製は著作権法上での例外を除き禁じられています。本書を代行業者等の第三者に依頼してスキャンやデジタル化することはたとえ個人や家庭内の利用でも著作権法違反です。

Printed in Japan

ISBN 4-06-153434-3

好きになるシリーズ

わかるから、面白いから、旬の話題で好きになる！

好きになる 免疫学 ワークブック カラー
萩原 清文・著　　B5・144頁・定価1,980円

好きになる 免疫学 第2版 カラー
「私」が「私」であるしくみ
山本 一彦・監修　萩原 清文・著
A5・270頁・定価2,420円

好きになる 分子生物学
分子からみた生命のスケッチ
多田 富雄・監修　萩原 清文・著
A5・206頁・定価2,200円

好きになる 解剖学
自分の体をさわって確かめよう
竹内 修二・著　　A5・238頁・定価2,420円

好きになる 解剖学 Part2
関節を動かし骨や筋を確かめよう
竹内 修二・著　　A5・214頁・定価2,200円

好きになる 解剖学 Part3 カラー
自分の体のランドマークを確認してみよう
竹内 修二・著　　A5・215頁・定価2,420円

好きになる 生化学
生体内で進み続ける化学反応
田中 越郎・著　　A5・175頁・定価1,980円

好きになる 生理学 第2版 カラー
からだについての身近な疑問
田中 越郎・著　A5・206頁・定価2,200円

好きになる 病理学 第2版 カラー
咲希と壮健の病理学教室訪問記
早川 欽哉・著
A5・254頁・定価2,420円

好きになる 微生物学 カラー
感染症の原因と予防法
渡辺 渡・著　　A5・175頁・定価2,200円

好きになる 栄養学 第3版
食生活の大切さを見直そう
麻見 直美／塚原 典子・著
A5・255頁・定価2,420円

好きになる 精神医学 第2版
こころの病気と治療の新しい理解
越野 好文／志野 靖史・著絵
A5・191頁・定価1,980円

好きになる 睡眠医学 第2版
眠りのしくみと睡眠障害
内田 直・著　　A5・174頁・定価2,200円

好きになる 救急医学 第3版
病院前から始まる救急医療
小林 國男・著　　A5・256頁・定価2,200円

好きになる 麻酔科学 第2版 カラー
苦痛を除き手術を助ける医療技術
諏訪 邦夫・監修　横山 武志・著
A5・185頁・定価2,530円

好きになる 薬理学・薬物治療学 カラー
薬のしくみと患者に応じた治療薬の選定
大井 一弥・著　A5・208頁・定価2,420円

好きになる 漢方医学
患者中心の全人的医療を目指して
喜多 敏明・著　　A5・190頁・定価2,420円

好きになる 生物学 第2版
12ヵ月の楽しいエピソード
吉田 邦久・著　　A5・255頁・定価2,200円

好きになるヒトの生物学 カラー
私たちの身近な問題 身近な疑問
吉田 邦久・著　　A5・268頁・定価2,200円

好きになるミニノートシリーズ　B6・2色刷・赤字シート付

好きになる 生理学 ミニノート
田中 越郎・著

好きになる 解剖学 ミニノート
竹内 修二・著

好きになる 病理学 ミニノート
早川 欽哉／関 邦彦・著

※表示価格は税込み価格（税10％）です。

「2024年12月現在」

講談社サイエンティフィク　https://www.kspub.co.jp/